工廠叢書 ⑨⑥

U0034510

生產訂單運作方式與變更管理

任賢旺　歐陽海華／編著

憲業企管顧問有限公司　　發行

《生產訂單運作方式與變更管理》

序　言

　　在激烈的市場競爭中，製造業面臨著巨大挑戰：製造成本增高，交貨週期縮短，利潤空間減少，人工不足，促使企業必須加強對生產成本和交貨期進行精確控制。企業必須實現精細化管理，實現快速反應，因應客戶需求而緊急處理。

　　公司的生產作業，不僅要精準生產，更要具備彈性作法，才能在競爭環境中得以生產。

　　企業的生產工作，不僅要精準生產，更要有彈性作法，才能在競爭環境中得以生存。本書《生產訂單的運作方式與變動管理》就是針對生產訂單的管理而撰寫，以生產訂單管理為主線，介紹「正常的訂單管理」與「緊急插單的因應管理」，從訂單接收管理、生產訂單的作業準備、生產訂單的計劃安排、生產訂單的生產線管理、插單，外協訂單管理及生產賬表與產品交付，全面闡述了生產訂單各個管理環節的核心工作。

一旦訂單產生變化，本書從緊急生產計劃的管理、緊急生產的資源管理、緊急生產的運作管理、緊急生產的現場管理、緊急生產能力的提高、緊急生產現狀的方面，全面闡述了緊急生產作業各個環節的應急對策。

　　本書有系統的介紹生產訂單的管理，是從事生產線各級主管所必須掌握的管理技巧。全書透過大量的圖表，生動地將生產訂單管理的實施辦法、操作技巧、操作步驟詳細地表現出來，便於讀者迅速抓住工作的核心與關鍵，在輕鬆閱讀中得到啟發和提高，並轉化為具體的行動。

　　本書所講授生產管理的訂單控制技巧，具有很高的操作性，受到許多企業生產部門主管的喜愛，為了讓讀者能夠更加理解操作技巧，每章都透過案例進行分析與解讀，引導讀者思考與反思，讓讀者在閱讀中瞭解到各類問題的解決方法。

　　憲業企管公司陸續推出各種工廠管理的培訓課程，2015 年 10 月推出本書，是為因應上課需求而編制的教材，全書以製造業的管理為基礎，深入分析生產管理中的訂單問題，為訂單管理的正常運作和緊急更改，提供了實際而可行的作業指導，相關的管理辦法與圖表，更是製造業主管迅速提升能力的最佳實用工具書。

2015 年 10 月 25 日

《生產訂單運作方式與變更管理》

目　錄

第 *1* 章

生產訂單的作業準備

生產訂單的作業準備內容，包括生產訂單的資訊處理，生產跟單的工作要點與方法，生產訂單的各種協調。

第一節　生產訂單的資訊處理

一、生產訂單資訊化管理的基礎

生產訂單資訊化管理的基礎是根據企業的能力，選擇合適的生產資訊化管理系統，並建立健全的相關企業組織結構。

1. 合適的生產資訊化管理系統

選擇合適的生產資訊化管理系統（ERP、MIS 等），可以有效進行生產資訊的管理。但無論那種類型的生產資訊化管理系統，其目的大致相同。生產資訊化管理系統的功能架構，如圖 1-1 所示。

圖 1-1　生產資訊化管理系統的功能架構

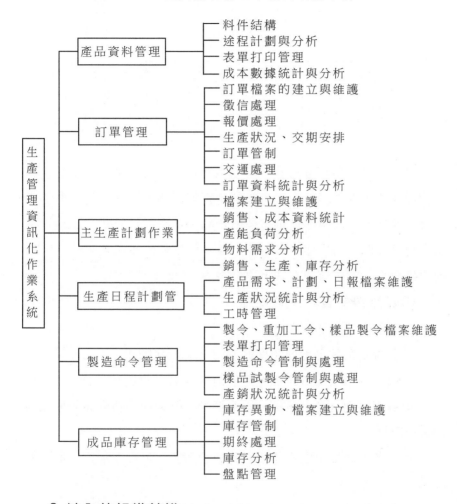

```
                        ┌─ 料件結構
            ┌─ 產品資料管理─┤─ 途程計劃與分析
            │              ├─ 表單打印管理
            │              └─ 成本數據統計與分析
            │              ┌─ 訂單檔案的建立與維護
            │              ├─ 徵信處理
            │              ├─ 報價處理
            ├─ 訂單管理────┤─ 生產狀況、交期安排
            │              ├─ 訂單管制
生 產         │              ├─ 交運處理
管 理         │              └─ 訂單資料統計與分析
資 訊        │              ┌─ 檔案建立與維護
化 作    ├─ 主生產計劃作業─┤─ 銷售、成本資料統計
業 系         │              ├─ 產能負荷分析
統          │              ├─ 物料需求分析
            │              └─ 銷售、生產、庫存分析
            │              ┌─ 產品需求、計劃、日報檔案維護
            ├─ 生產日程計劃管─┤─ 生產狀況統計與分析
            │              └─ 工時管理
            │              ┌─ 製令、重加工令、樣品製令檔案維護
            │              ├─ 表單打印管理
            ├─ 製造命令管理──┤─ 製造命令管制與處理
            │              ├─ 樣品試製令管制與處理
            │              └─ 產銷狀況統計與分析
            │              ┌─ 庫存異動、檔案建立與維護
            │              ├─ 庫存管制
            └─ 成品庫存管理──┤─ 期終處理
                           ├─ 庫存分析
                           └─ 盤點管理
```

2. 健全的組織結構

　　為保證生產資訊化的順利進行，企業應設立專門的資訊管理部。其在生產資訊化管理組織結構中的位置，如圖 1-2 所示。

圖 1-2 生產資訊化管理組織結構

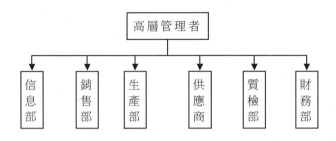

圖 1-2 中，資訊部是資訊綜合管理部門，銷售部是市場訊息綜合管理部門：生產部是生產資訊綜合管理部門，供應部是供應資訊綜合管理部門，質檢部是企業技術資訊、產品資訊和品質檢驗資訊綜合管理部門。銷售部、生產部、供應部和質檢部四大部門由供應鏈連接起來，訂單資訊在四者之間傳遞。

(1)資訊部的資訊管理職能

①制訂企業資訊規劃。

②負責企業信息管理制度的制訂、執行與監督。

③負責企業內部資訊標準的制訂、調試、實施和監督。

④負責國內外產業政策、經濟形勢、行業等外部資訊的收集、分析與處理。

⑤對各部門提出的資訊要求進行合理性、可行性審查，並提出意見。

⑥對分散於各部門的資訊資源進行集中管理。

⑦對公司各部門的資訊工作進行協調、指導與監督。

⑧為各職能部門的資訊管理工作提供設備、技術和培訓等方面的支援。

⑨負責企業各種類型資訊系統的建設，包括需求分析、設計、選擇供應商、系統建設、調試、投入使用以及系統維護等。

⑩負責企業網站的設計、管理和維護。

⑪負責發佈企業資訊。

⑫負責建設企業辦公自動化系統。

⑬組織資訊培訓。

⑭負責資訊保密工作，對企業內部資訊進行分級管理。

(2)各職能部門的資訊管理職能

各職能部門在明確各自的資訊管理職能的同時，還應嚴格遵守資訊管理制度。

表 1-1　資訊管理的工作崗位及職責

序號	崗位	工作職責
1	資訊採集人員	負責採集原始數據，按照操作程序、業務規定採集數據。一般由一線工作人員(如部門員工、生產部工人)擔任
2	資訊錄入員	把採集來的數據輸入電腦系統，可由資訊採集者兼任
3	數據處理員	負責按照要求的程序和方法處理數據
4	資訊分析員	按照業務規定對資訊進行分析，並出具分析報告。一般由部門主管或主要領導擔任
5	數據庫維護員	負責本部門數據庫的維護與管理，一般由專業的技術人員擔任

①各職能部門在資訊管理方面的共同職責

· 根據業務需要提出資訊需求計劃，報資訊中心審查，由高層管理者批准。

- 制訂本部門的資訊規劃。
- 遵守企業和本部門的資訊管理制度。
- 採集與所管理業務相關的數據和資訊，並進行數據處理和分析。
- 組織或參與本部門資訊系統的建設。
- 組織或參與制訂相關的資訊管理制度和資訊標準。
- 組織本部門員工參與資訊管理培訓。

②各職能部門的資訊管理職能
- 銷售部負責收集、處理和分析各種市場訊息。
- 生產部負責收集、處理與分析生產資訊、產品技術資訊。
- 供應部負責供應市場訊息及庫存資訊的收集與處理。
- 質檢部負責收集、處理和分析新產品資訊、新技術資訊、品質檢驗資訊。
- 財務部負責收集、處理與分析企業內部財務資訊。

③資訊管理的工作崗位及職責

二、生產訂單資訊化的作業模式

目前，企業最常用的訂單資訊化管理工具是 ERP 系統，圖 1-3 為某企業 ERP 訂單系統作業模式。

從圖 1-3 可知，生產訂單資訊化的作業模式可分為以下 12 個部份。

圖 1-3　ERP 訂單系統作業模式

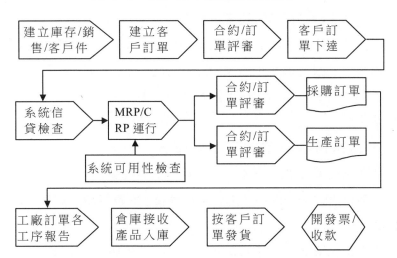

1. 基礎數據準備

基礎數據包括庫存、採購、銷售訂單等所需的基礎數據。

⑴訂單、產品、原輔材料分類方案。

⑵成品庫存件、銷售件、客戶件、採購件。

⑶物料清單。

⑷各項原材料的庫存件及採購件、供應商資訊。

⑸人員設置。

2. 建立客戶訂單

⑴接單員提供詳細的客戶資料，財務部據此確定賬期，並建立客戶、產品庫存、物料清單等。

⑵對已確定相關數據的產品，即可建立客戶訂單。

⑶進行合約評審，並跟進評審結果，確定最終交貨期。

3.客戶訂單的下達

⑴銷售主管審核並下達客戶訂單。

⑵對於禁止信貸的客戶訂單，由信貸員審核確定是否下達。

⑶接單員跟進被禁止的客戶訂單情況。

⑷接單員製作並列印已下達的客戶訂單列表，並提交給生產計劃部門。

4.物料採購訂單的下達與接收

⑴在沒有運行 MRP 之前，手工建立物料採購訂單。

⑵運行 MRP 後，由系統進行可用性檢查，對短缺的物料生成採購建議。

⑶下達採購訂單，接收採購訂單、物料入庫。

5.生產訂單的下達與接收

⑴生產計劃員接到下達的客戶訂單列表後，在系統中建立工廠生產訂單，前提是該產品的物料清單已設置為可用狀態。

⑵工廠生產訂單號與客戶訂單號應不同，生產訂單號為以後產品入庫時的批號。

⑶安排生產計劃時間表，列印各工序文件，連同轉來的技術文件、工作指南、稿件等，一起交給生產部。

6.下發物料

物料部根據生產計劃員提供的生產計劃安排時間表，並按照BOM(物料清單)計算得出的材料需求量發放物料。

7.工廠生產訂單的執行與報告

⑴工廠按生產計劃進行生產，並及時向生產計劃部回饋。

⑵每個工序完成後，各工序利用條碼系統來掃描工序文件，進

行完工產量報數,同時填寫報表,並按原工廠訂單號退回剩餘物料。

⑶根據工廠報表完善系統數據,包括廢品數、工時彙報等。

⑷工廠訂單完工後應及時入庫,並在入庫單和入庫日報表中標誌完工標誌。

8. 成品入庫

倉庫對已報數的入庫產品進行系統內接收,並在入庫日報表中註明已接收。

9. 工廠生產訂單的關閉

生產計劃部對已完成並在系統中已完成報數的工廠訂單進行關閉,但需要滿足以下三個條件。

⑴生產計劃部從成品入庫報表中瞭解已全部完成的資訊。

⑵統計報數及時完成(已有時間要求)。

⑶退料及時完成,且不能串單。

10. 發貨

⑴客戶服務部每天填寫日發貨計劃,儘量減少臨時變動。交貨計劃應交給三個部門,包括物料部(安排車量及準備貨物)、品質管理部(準備檢測報告,對次日要發貨的產品優先進行檢測)、生產部(保證產品及時入庫)。

⑵銷售部收到入庫單後,在系統中預留、提貨、列印出倉單和送貨單。

⑶倉庫按出貨單裝車發貨。

⑷實際貨物發出後,應在系統中補充裝貨清單,並在系統中執行發送記錄。

11.開發票

發貨後，ERP 系統會自動跳到建立匯總發票介面，經財務審核後，生成正式憑證。開票後，如果訂單是一次性發貨，訂單則自動關閉。

12.退貨

⑴在接受客戶退貨後，銷售部應在系統中建立退貨記錄。

⑵退貨收回，並列印退貨單，交品管部驗證。

⑶品管部將驗證結果及處理建議填寫在此退貨單上，交倉庫（按品管部意見辦理系統報廢及退貨）、計劃部（按品管部返工建議，建立工廠返工訂單，進行處理）。

⑷財務記賬。

⑸銷售部對返工後的產品進行發貨管理。

三、生產訂單資訊化的管理流程

生產訂單資訊化管理流程，包括訂單接收管理流程、訂單處理管理流程、訂單變更管理流程和訂單異常管理流程四部份。

1.訂單接收管理流程

訂單接收管理流程，如圖 1-4 所示。

圖 1-4　訂單接收管理流程

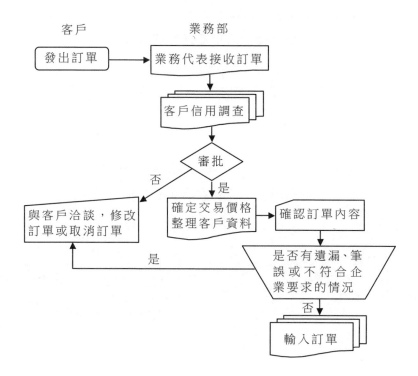

2. 訂單處理管理流程

訂單處理管理流程，如圖 1-5 所示。

圖 1-5　訂單處理管理流程

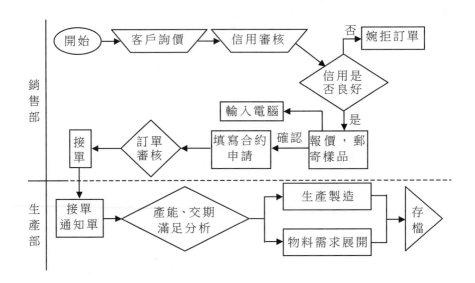

3. 訂單變更管理流程

訂單變更管理流程，如圖 1-6 所示。

圖 1-6 訂單變更管理流程

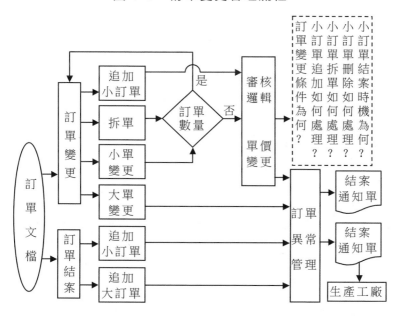

4. 訂單異常處理流程

訂單異常處理流程，如圖 1-7 所示。

圖 1-7 訂單異常處理流程

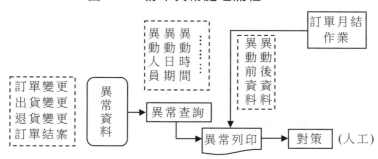

四、訂單生產中的看板管理

1. 看板信息

常見的看板包括生產看板、領取看板和臨時看板。

表 1-2　生產看板、領取看板、臨時看板的內容及應用方法

序號	類型		定義及應用方法
1	領取看板	信號看板	定義：在不得不進行成批生產的工序之間使用的看板，例如，樹脂成形工序，也可用於從零件出庫到生產工序的指示配送 應用方法：掛在成批製作好的產品上，當該批產品的數量減少至基準數時摘下看板，送回生產工序，該工序按看板的指示開始生產，沒有摘牌則說明數量足夠，不需再生產
2	生產看板	工序間看板	定義：工廠內部後工序到前工序領取所需的零件時所使用的看板 應用方法：掛在從前工序領來的零件的箱子上，當零件被使用後，取下看板，並放到看板回收箱(表示「該零件已被使用，請補充」)內。現場管理人員定時回收看板，集中起來後再分送到各個相應的前工序，以便領取需要補充的零件
		外協看板	定義：針對外部的協作廠家所使用的看板。對外訂貨看板上必須記載進貨單位的名稱、進貨時間、每次進貨的數量等資訊。外協看板的「前工序」是供應商 應用方法：與工序間看板基本相同，回收後按各協作廠家分開並在各協作廠家送貨時再帶回去，成為該廠下次生產的指示
3	臨時看板		在進行設備保全、設備修理、臨時任務或需要加班生產的時候所使用的看板。臨時看板主要是為了完成非計劃內的生產或設備維護等任務，靈活性較大

⑴生產看板。標明前一道工序應生產的工件種類和數量，包括工序間看板和外協看板。

⑵領取看板。標明後一道工序向前一道工序拿取工件的種類和數量，包括工序內看板和信號看板。

⑶臨時看板。通知提前生產、節假日生產所用的看板。

生產看板和領取看板的內容及應用方法，如表 1-2 所示。

2. 發佈資訊板

發佈資訊板主要用於發佈、宣傳企業資訊等方面。

⑴生產績效看板（效率、品質、交期、進度、整理整頓、出勤、人員訓練等）。

⑵標語、海報、企業目標、制度。

⑶公佈欄。

⑷標準化看板（操作標準、流程圖、檢驗標準、抽樣方法等）。

3. 5S 信息板

⑴ 5S 的含義及相互之間的關聯

5S 起源於日本，由 SEIRI（整理）、SEITON（整頓）、SEISO（清掃）、SEIKET-SU（清潔）、SHITSUKE（素養）這 5 個單詞的第一個字母組成。

5S 的含義及相互之間的關聯，如圖 1-8 所示。

圖 1-8　5S 的含義及相互之間的關聯

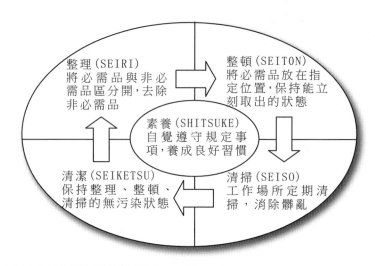

(2) 5S 信息板

5S 看板主要應用於標示現場、標識區域、明示 5S 作業基準等方面。

①標示現場。為使整理後的現場直觀醒目，應制作現場示意圖，清楚地標示各項物品的放置地點，以使每個人都能準確無誤地取放物品。

②標識區域。標識現場區域，明確生產作業區和物品存放區。

③明示 5S 作業基準。將作業基準貼在相應工作位置。表 1-3 為某公司清掃作業基準。

表 1-3　某公司清掃作業基準

序號	項目	清掃工具和方法	標準要求	週期	責任人
1	通道	拖布擦	清潔、無塵、無油、無雜物	1次/天	清潔工
2	設備	用沾有洗滌劑的抹布擦	見本色、無污垢、無銹蝕、無鬆動、無滲漏	1次/天	操作工
3	……	……			

4. KANBAN 卡片

圖 1-9　KANBAN 卡片的控制與跟蹤流程

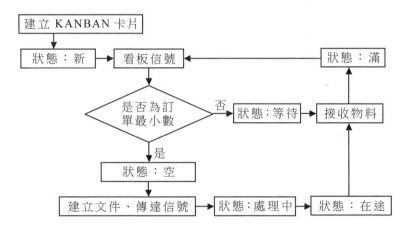

KANBAN 卡片是豐田拉動式生產系統中顯示某個 KANBAN 信號的工具之一，一個 KANBAN 信號可以是卡片、供擺放箱子的空的方形場地、燈或者電腦軟體生成的信號，該信號會觸發搬運、生產或物料元件供應（通常裝在一個大小固定的箱子裏）。

KANBAN 信號（即拉動式補給系統中指示什麼時候生產或運送物品的任何信號）可以應用於許多運營部門。

KANBAN 卡片的主要作用是控制與跟蹤生產流程,通過 KANBAN 卡片,瞭解生產現場資訊。

5.視覺控制工具

視覺控制工具是精益製造的重要工具。運用視覺控制工具可以方便操作員工進行作業,同時避免出現錯誤。

典型的視覺控制工具包括警示燈、標識、不同色彩的記號等。例如,生產設備上的信號燈、採用電子顯示板提供可見的工位狀態及資訊等。

(1)警示燈

常用的有信號燈、指示燈、報警燈等,警示燈通常用不同顏色的燈光表示特定的含義,目的在於將現場的異常情形通知給管理人員。

表 1-4　警示燈顏色的含義

序號	顏色	含義
1	紅燈	表示情況緊急或停止狀態
2	綠燈	表示情況允許或正常狀態
3	黃燈	表示有異常情況,需引起注意或儘快採取措施
4	白燈	一般表示檢驗狀態,很少用
5	藍燈	表示特殊控制狀態
6	燈滅	表示警示系統停止工作或故障

(2)標識

設置現場標識的要求,如表 1-5 所示。

表 1-5　設置現場標識的要求

序號	要求	說明
1	醒目	①鮮豔。顏色的對比度要高，字體及符號的差異要大 ②奪目。開頭要生動活潑，易於引起作業人員的注意 ③大小適宜。按不同的工作場所，選擇適合的標識尺寸
2	直觀化內容 言簡意賅	①整體措辭應通俗、易懂 ②內容應簡潔、明瞭 ③必要時可搭配一些形象的圖案 ④措辭規範，使用書面語言
3	位置適宜	①把標示設置在被標識的物品上 ②對於工廠標識，應選擇顯眼的地方 ③小物品應用容器進行標識

(3)顏色記號

顏色是最明顯的視覺控制工具，不同顏色代表的含義不同，如表 1-6 所示。

表 1-6　不同顏色代表的含義

序號	顏色	含義
1	黃色	警惕，黃線為區域界線；黃牌表示注意、警告、提示或要求
2	綠色	合格，綠線為合格的標誌線；綠牌表示合格或通過狀態
3	紅色	危險，紅線為警戒線；紅牌表示禁止、危險、封鎖的區域
4	混合色	包括黑、藍和白三種，一般搭配方式是綠配白，紅配白、藍、黑，黃配黑

五、看板的推行與生產訂單的控制

在訂單型生產企業中，企業只有在接到客戶訂單後才開始生產。在生產過程中，客戶訂單和生產線的變化都是通過看板信號反映到上游工序。

1. 看板推行

推行看板管理方式需滿足一定的條件和規則，如表 1-7 所示。

表 1-7　推行看板管理的條件

序號	項目	說明
1	條件	①生產的均衡化 ②合理的工序佈置 ③作業標準化
2	規則	①後工序按所必需的數量，從前工序領取必需的物品 ②前工序僅按被後道工序領取的數量來加工 ③不合格品絕對不允許送到後工序 ④必須把看板數量減少到最小 ⑤看板必須適應小幅度需求變化(通過看板對生產進行調整) ⑥定期修正看板的發行數量

另外，推行看板管理時，應注意以下事項。

⑴儘量縮減看板的發放數量，以避免後工序領取量的變動。

⑵工序間領取看板時，特別是外包零件交貨看板，大約以 1 次/小時的頻率回收。

⑶附有領取看板和生產指示看板的零件，將被視為完全合格品進行處理。

2.看板與生產訂單控制

豐田拉動式生產很好地體現了看板管理與生產訂單控制的關係。具體而言，拉動式生產看板包括以下幾種。

⑴生產看板是客戶和生產線之間的信號，狀態為「空→下達→在製→完成」。

⑵補貨看板是生產線的線邊庫和倉庫之間的信號。

⑶採購看板是倉庫和供應商之間或生產線的線邊庫和供應商之間的信號，狀態為「空→下達→在製→發運→可用」。

拉動式生產方式的基本特徵是，資訊流的流動方向與物流的流動方向相反，生產計劃產量與實際產量相同，從而實現零庫存或少庫存。拉動式生產方式與訂單的關係，如圖 1-10 所示。

圖 1-10　拉式生產方式與訂單的關係

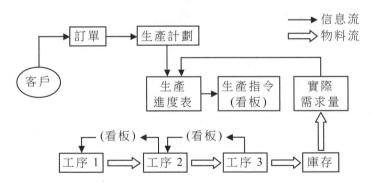

圖 1-10 是典型的順序拉動式生產，在按單生產環境下，建立順序拉動生產流程的關鍵是應設法降低高度變動性，通過把客戶的 TAKT 時間細分，使生產作業時間實現均衡化。在此過程中，看板起到發佈指令的作用，通過看板的傳遞或運動來控制生產資訊和物料。

第二節　生產訂單的跟單技巧

生產訂單的跟單技巧，包括對生產進度進行跟蹤、對產品品質進行有效控制和檢驗以及按期交貨等。

一、瞭解生產資訊的管道和技巧

1.生產資訊的種類

生產資訊分為生產計劃資訊、生產統制資訊、生產性資訊。

(1)生產計劃資訊

生產計劃資訊分為五種，如表 1-8 所示。

表 1-8　生產計劃資訊的類型

序號	類型	定義	內容
1	訂單資訊	獲得客戶訂單時的資訊。企業以此為依據安排生產，是所有生產活動的基礎資訊	產品的種類、數量、價格、交期、產品樣式、交貨地點
2	生產技術資訊	計劃生產所要求的基礎資訊，多由設計部提供	原材料、零件、產品構成、加工圖紙、設備、模具等方面的資訊
3	生產管理資訊	進行生產管理所需要的資訊	QC工程表、標準時間、加工費用、標準工時、標準日程、設備能力、預防再發生的對策以及庫存資訊
4	品質管理資訊	進行品質管理所需要的資訊	品質不良資訊、客戶投訴資訊、設備移動資訊
5	成本資訊	計算成本所需要的資訊	材料、零件費用以及各種經費

(2)生產統制資訊

生產統制資訊分為三種，如表 1-9 所示。

表 1-9　生產統制資訊

序號	類型	定義	內容
1	生產進度資訊	瞭解和掌握生產進度的資訊	綜合生產量或生產實績、不同機器或不同工序的生產資訊等
2	品質資訊	表示產品品質是否達到訂單要求資訊	品質不良項目和詳細的內容、品質不良對策的實施和處理資訊、不良庫存品資訊等
3	成本資訊	表示如何進行利潤管理的資訊	實績工時、使用的材料、零件的費用

(3)生產性資訊

表 1-10　生產性資訊的種類

序號	資訊種類	計算公式
1	生產性	產出量÷投入量
2	原料生產性	生產量÷原料使用量
3	工作生產性	生產量÷作業人數
4	設備生產性	生產量÷設備台數
5	作業能率	(計劃工時÷實際工時)×100%
6	稼動率	(有效工作時間÷總工作時間)×100%
7	作業度	(實際生產量÷標準生產量)×100%
8	出勤率	(出勤人員數÷在職人員數)×100%
9	良品率	(良品數÷檢驗總數)×100%
10	材料利用率	(產品數量÷材料使用量)×100%

2.瞭解生產資訊的管道和技巧

在生產現場管理中，跟單人員應利用各種管道和方法，去瞭解生產資訊，如表 1-11 所示。

表 1-11　瞭解生產資訊的管道和技巧

序號	管道和技巧	說明
1	現場巡視	基層管理人員在作業現場來回巡視，觀察有無不良品發生、機器故障、欠料、材料混入等情況以獲取相關資訊
2	報告	包括書面報告和口頭報告，從報告內容掌握相關資訊。例如，生產異常狀況、生產進度報告、品質報告等
3	生產看板	包括流水線前的顯示器、工廠工序看板等，生產看板
4	目視管理	包括工廠流水線的按鈕、警示燈、報警裝置等
5	生產管理系統	通過企業內部生產管理系統，隨時查閱訂單資訊、進度資訊
6	會議	通過產銷會議、週例會、月例會等瞭解資訊

生產看板示例，如圖 1-11 和圖 1-12 所示。

圖 1-11 大型生產線數量顯示器　　圖 1-12 生產狀況顯示板

運行中	停止中
本日目標	1600
現在目標	900
現在實績	750
進度	△50
	10:30

線名：____	型號：____
今日計劃總數	
生產進度	
現完成件數	
計劃完成件數	
負責人：_____	

二、生產跟單的工作要點與方法

生產跟單要貫穿於生產的各個階段，生產跟單的工作要點與方法如下。

1. 瞭解企業生產類型

企業生產類型分為訂單型生產和預估型生產兩種類型。

(1)訂單型生產(MTO)

訂單型生產的特點如下：

①按照訂單進行生產，一般是多品種少量生產。

②接收訂單後才開始設計和組織生產，工作性質依客戶要求而定。

③客戶對交期要求嚴格，且當次所訂產品與前次所訂產品在品種、數量、交期等方面有所不同。

④使用的機器設備多為通用設備，產品製造週期長，對作業人員的熟練程度要求高。

⑤物料採購的前置時間較長。

⑥訂單量多少不定，工作負荷變動大，外包的情形多。

通過對以上特點分析可以得出，新產品訂單型生產與老產品訂單型生產的工作流程存在一定的差異，分別如圖 1-13 和圖 1-14 所示。

圖 1-13　新產品訂單型生產流程

圖 1-14　老產品訂單型生產流程

訂單型生產關鍵在於如何在確保品質的前提下縮短交貨期。

(2)預估型生產(MTS)

預估型生產作業的特點如下：

①在接收訂單之前就組織生產，依銷售預測進行規劃生產，多是大量生產。

②產品設計在一定時間內定型化。

③產品單位制造時間短，多使用專用設備，採用流程作業方式細化作業，對員工的作業熟練程度要求不高。

④所需原材料可依生產計劃進行採購。

預估型生產流程，如圖 1-15 所示。

圖 1-15　預估型生產流程

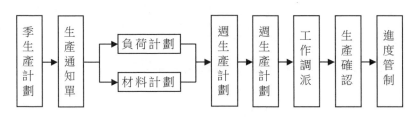

預估型生產的關鍵在於銷售預測，並確保將銷售預測誤差減少到最低程度。

2. 將訂單變成生產計劃

訂單只有被排成生產計劃時才能有效實施，具體包括以下兩方面：

⑴確定生產訂單是否已被轉化為生產排程。將訂單與計劃表逐一進行核對，以確認有無遺漏、有無錯誤，時間安排、庫存數量是否平衡等。

⑵落實交貨期。明確首次交貨日、交付期間、數量、接收人的工作方式、時間等。

3. 掌握生產流程

要關注按生產計劃製造產品的整個過程，包括現場物品流程、生產跟單業務流程、生產管理流程和生產製造流程。

⑴現場物品流程

是指在現有條件下產生的物品流動過程,包括物料流、產品流和廢品流,這三種流程必須獨立形成,如圖 1-16 所示。

圖 1-16　現場物品流程

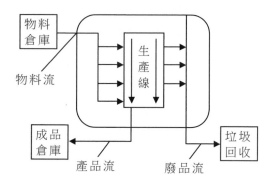

⑵生產跟單業務流程

圖 1-17　生產跟單業務流程

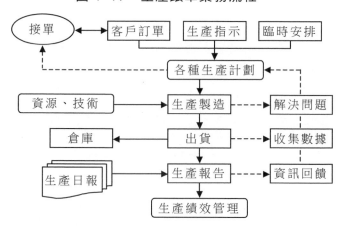

⑶ 生產管理流程

企業生產管理流程，如圖 1-18 所示。

圖 1-18　生產管理流程

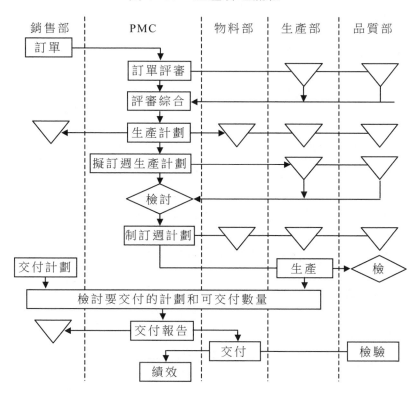

⑷生產製造流程

生產製造流程,如圖 1-19 所示。

圖 1-19 生產製造流程

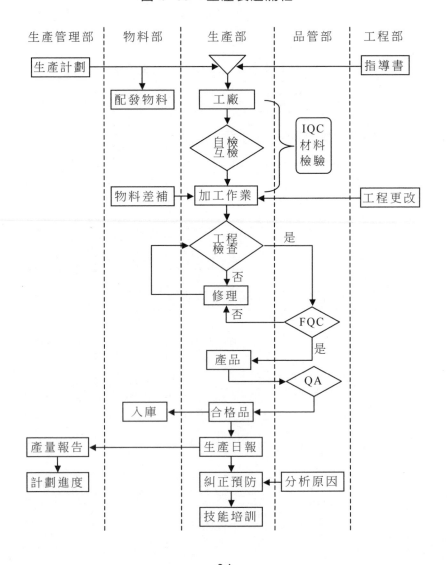

4.控制生產進度

可採取現場蹲點、查看生產日報、分析生產數據等方法，還可製作各種生產進度表格幫助進行。這樣便於瞭解和掌控生產進度，並控制各種影響生產進度的因素。

常用的生產進度表格包括生產進度控制表、生產進度管理表、生產進度安排跟蹤表、生產進度安排控制表。

表 1-12　生產進度控制表

編號：＿＿＿＿＿＿＿＿＿＿　　　　　　　日期：＿＿＿＿＿＿＿

製造單號				產品名稱				
本計劃負責人				預計日程				
作業序號	細部作業名稱	負責部門	承包廠商	預計日程	進度審核及記錄	開始日期	完成日期	驗收

表 1-13 生產進度管理表

編號：_____　　　　　　日期：_____

製造單號			產品名稱			生產數量		
交貨日期			月　　　日					

部門＼日期		生產								
	預定									
	實際									
	預定									
	實際									

製造單號	級別	原計劃			變更			備註
		規格	數量	完成日期	規格	數量	完成日期	
批示								

表 1-14 生產進度安排跟蹤表

生產批號：＿＿＿＿＿＿＿＿＿　　　　　　製表日期：＿＿＿＿＿＿＿＿

產品名稱		生產數量		生產部門	
原定生產日程		預計交貨日期			

物資供應狀況	材料名稱	單位	單位用量	需要量	已有庫存	採購日期	預交日期	已交	備註	人力設備其他考慮因素	前一批號完成日期	
											設備調整時間	
											人力是否充足	
											預計生產日數	
											每日生產	
											……	
										模具和量具	名稱編號	完成日期

安排進度	進度											

表 1-15　生產進度安排控制表

編號：＿＿＿＿＿＿＿＿＿　　　　　　日期：＿＿＿＿＿＿＿＿

製造單號					產品名稱					
零件編號	零件名稱	承製廠商	請購單號	請購日期	預定交貨日期	需要日期		加工日期		
						原訂	修訂			

5. 處理生產異常問題

生產異常問題包括生產進度落後和發生生產事故兩方面。

⑴生產進度落後時，採取提升產能、調整出貨計劃以及有效控制插單等方法進行改進。

⑵發生生產事故時，應及時調查事故現場，識別產生事故的原因，並確定處理措施。

三、跟單的時間管理與過程監控

要想提高做事效率，必須對時間進行有效管理。跟單過程中，應把有限的時間放在最重要的問題上，重視過程監控。

1. 跟單的時間管理

有效利用時間的方法如下：

⑴事先計劃，並確定優先順序。例如，容易的事先做，重要的事先做。

⑵簡化工作流程。

⑶將工作、行動定型化。例如，固定物品擺放位置。

⑷第一次就把事情做好。

⑸當天例行性工作當天完成。

⑹養成記錄的習慣，把每件待辦的事情列入表格中或寫在卡片上。

根據重要性和緊迫性，將所有的跟單事務分成四類，建立二維四象限的指標體系，重點關注第二象限的事務，如圖 1-20 所示。

⑴第 I 類，重要且緊迫的事件。例如，處理危機、緊急插單、臨近交貨期的訂單。

⑵第 II 類，重要但不緊迫的事件。例如，防患於未然的工作改善、建立人際關係網路、發展新機會、長期工作規劃等。

⑶第 III 類，不重要但緊迫的事件。例如，接待突然來訪的客戶、處理來電、召開會議等。

⑷第 IV 類，不重要也不緊迫的事件。

圖 1-20　跟單事務象限分類

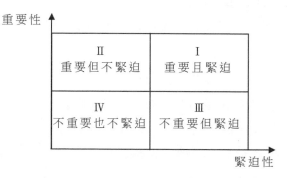

2.訂單的過程監控

跟單過程監控的方法包括以下兩種：

(1)建立跟單台賬

對於新產品訂單和比較重要或有疑問的訂單，應制作一份跟單台賬，以便及時有效地跟單。表 1-16 是一份簡易跟單台賬。

表 1-16　簡易跟單台賬

部門＼事務	跟單事務內容				合計	備註
	事務 1	事務 2	事務 3	…		
研發部						
銷售部						
工程技術部						
品管部						
生產部						
物料部						
行政部						
財務部						

(2)始終以生產計劃為主線

要以生產計劃這條主線展開各種跟催事務，具體方法包括以下幾個方面。

①把所有訂單按交貨期先後進行排序，並形成訂單清單。

②與同期的生產計劃進行逐項核對，以便查看有無遺漏，提前期是否滿足，判斷預留餘地是否足夠以及有無筆誤。如發現問題，應立即與生產計劃部協調，必要時調整計劃。

③以計劃為基準確認生產日報，跟進各部門的實施狀態。

④對於延遲計劃的情況，應及時採取措施，並進行重點跟催。

⑤按計劃完成入庫，將產品送至客戶。

四、訂單管理中的內外部溝通

通過溝通來交流資訊並達成共識，能更好地完成生產訂單。

1. 訂單管理中的內部溝通

訂單管理中的內部溝通，包括以下方面：

(1)與上級的溝通

與上級溝通，一般是通過召開高層會議的方式進行。主要針對企業經營方針、戰略目標等方面的溝通。

(2)部門之間的溝通

訂單管理部門之間進行日常溝通的方式包括口頭、電話、郵件、工作聯絡單、部門協調會以及會議通知等。

部門之間通過溝通，能更明確地瞭解客戶的意圖，使生產更加順暢，更好地滿足客戶的要求。

(3)與員工的溝通

一般通過面對面交流、實地考察等方式進行；與員工的溝通，主要表現在進行工作指導、下達生產任務等方面。

2. 訂單管理中的外部溝通

外部溝通的對象包括客戶、供應商、媒體和政府等，其中與供應商和客戶的溝通是最主要的。外部溝通之主要目的，是希望與對方達成共識，取得一個雙贏的結果。

(1)與客戶的溝通

與客戶溝通，要瞭解客戶的心態及真正需求，抓住重點，贏得客戶信任。

與客戶的直接溝通能起到非常重要的作用。在溝通過程中，跟單員扮演著很重要的溝通角色。因為客戶不能直接看到你的公司，怎樣說服客戶，讓客戶對你產生信任，進而信任你所代表的公司，只能依靠與跟單名有效的溝通。

(2)與供應商的溝通

企業之間的競爭，也是兩條供應鏈之間的競爭。企業在與供應商的溝通中，應堅持平等、雙贏的原則，確保在關鍵時刻，得到供應商的支援，幫助企業正常運轉。

3.訂單管理中內外部溝通的要點

訂單管理中內外部溝通應注意以下方面：

⑴工作溝通應盡可能透明化。例如，利用看板溝通生產資訊。

⑵重要事務盡可能文件化。例如，利用聯絡書通報客戶要求。

⑶個人關聯事務要直線溝通，以避免以訛傳訛，節外生枝。

⑷責任事務盡可能公開化。例如，利用會議查處事故責任。

⑸有風險事項應事先說明透徹。例如，陳述責任、後果等。

五、交期提前的溝通策略

1.交期提前的溝通策略

交期提前包含兩層含義：一是客戶要求提前交貨，一是企業本身提前完成訂單任務。

⑴客戶要求提前交貨

①調整生產計劃排程，評審產能負荷。

②採購部評估原材料、零件等是否能夠提前交付，如需緊急採購，應做出緊急採購成本預算。

③與客戶協商，採取分批交貨的方式，緩解生產壓力。

④採取加價的方式，抑制客戶提前交貨的要求。

⑵企業提前完成訂單任務

①與客戶溝通，請求提前交貨。

②如客戶不接受提前交貨，可採取價格優惠等方法，讓客戶接受交貨。

③如果提前交貨增加了客戶的採購成本，則企業應與客戶協商負擔相應費用。

2. 交期延遲的溝通策略

⑴由於材料短缺、技術等因素導致交期延遲，其溝通策略包括以下幾個方面。

①從生管部得知新的交期，再以傳真或電話方式通知客戶。

②取得客戶同意後，更改訂單日期，下發交期交量變更通知單（見表 1-17）及提前或延後生產通知單（見表 1-18）。

③若客戶不接受交期延遲要求取消訂單時，應與客戶進行協商，並以負擔運費或其他雜費為條件留住客戶。

④若是因為內部欠料導致交期延遲，則應與採購部進行溝通，要求加快供料速度，並追蹤採購的到料情況。

⑤若是技術問題，應與技術部協商，要求解決技術進展問題。

⑥若屬生產進度問題，則應與生管部協商，合理安排生產。

⑵由於客戶變更訂單內容導致交期延遲的，其溝通策略包括以下幾個方面。

①打電話或發傳真確定客戶的更改資料。

②通知客戶具體的延遲情況。

③向客戶說明推遲交期的理由。

表 1-17　交期交量變更通知單

通知部門：＿＿＿＿＿＿＿＿＿　　　　　　　日期：＿＿＿＿＿＿

訂單編號		製造單號		產品名稱	
生產數量		接單日期		預定交期	
變更交期		原訂單數量		變更數量	
交期變更原因			數量變更原因		
□船期 □人員不足 □UC □製造異常 □原材料延遲 □設備故障 □其他(請說明)			□訂單取消 □產能不足 □轉下次生產 □品質問題 □其他(請說明)		
修正項目			部門		
說明					

表 1-18　提前或延後生產通知單

生產編號：＿＿＿＿＿＿＿＿　　　　　　　日期：＿＿＿＿＿＿

客戶名稱			通知單位		□主管　□會計　□成本會計　自存			
訂單號碼	訂貨日期	原定交貨日期	產品名稱	數量	擬更改交貨期	核定交貨日期	批示	
原因	1. 客戶要求延期				經　理			
	2. 配合運輸				主　管			
	3. 其他				經辦人			

📢)) 第三節　生產訂單的協調管理

一、生產訂單協調管理的工作內容

生產訂單的協調管理工作內容，如表 1-19 所示。

表 1-19　生產訂單協調管理的工作內容

序號	內容	說明
1	產銷協調	產銷協調是訂單協調的具體表現
2	生產計劃協調	根據客戶訂單，制訂生產計劃，並做好生產計劃的協調與調度工作
3	物料協調	按照生產計劃，確定物料採購的品種、數量、交期等協調工作
4	交期協調	客戶、供應商以及企業各個部門的交期協調

表 1-20　產銷協調計劃表

銷售類別：　□內銷　　□外銷　　　　　　日期：＿＿＿年＿＿月＿＿日

序號	名稱	規格	單位	期初存貨數量 A	本期生產數量 B	期末存貨數量 C	本期銷售數量 A＋B－C	單價	金額	備註

1. 產銷協調

　　產銷協調的方式，如圖 1-21 所示。企業應依自身的經營方針，進行有效的產銷溝通，並擬訂綜合性的產銷計劃，以作為銷售、生產、製造等部門擬訂計劃的依據，從而保證各項計劃與企業經營方針步調一致。

圖 1-21　產銷協調的方式

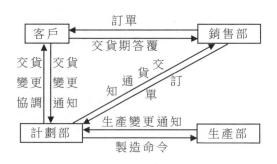

2. 生產計劃協調

⑴檢查、督促和協助相關職能部門做好各項生產準備工作。

⑵組織和協調生產過程中的各個環節。

　　⑶合理調配生產作業人員，並督促工具、動力和原材料供應情況以及內部運輸工作。

　　⑷檢查零件、毛坯和半成品的產出進度，及時發現生產計劃執行過程中的潛在問題，並採取相應措施及時解決。

　　⑸分析工時損失記錄（見表 1-21）、機器設備故障記錄（見表 1-22）和生產能力變動記錄（見表 1-23）等。

表 1-21　工時損失記錄表

工時記錄	項目機種	正常工時		加班工時		停工時間					工作工時	合計	工作時間比率	備註
		人數	工時	人數	工時	待料	停電	故障	其他	合計				
本日出席人數							本日請假人數							
實際人數							實際工時							
本日借調人數		借入：＿＿＿　借出：＿＿＿						離職、新進人員						

表 1-22　機器設備故障記錄表

機器編號			機器名稱		使用部門	
日期	故障時間	修復時間	故障原因或故障說明		更換零件	修理者

表 1-23　生產能力分析表

月份：＿＿＿＿＿＿＿

日期	製造			包裝			品質檢驗			合計			每工時產量	累計生產數量
	人數	工時	產量	人數	工時	產量	人數	工時	產量	人數	工時	產量		
1														
2														
…														

圖 1-22　生產計劃協調工作的處理程序

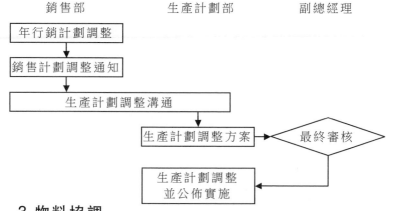

3.物料協調

物料協調涉及的部門包括採購部、物料控制部和倉儲部等。

4.交期協調

交期協調是訂單協調管理的關鍵環節，交期協調涉及的部門包括物料部、生產部、研發部、銷售部以及客服部，企業應制訂相應的預防和處理機制，做好交期協調。

二、生產訂單協調的處理程序

生產訂單協調的處理比較複雜，參與協調的部門也很多，如圖 1-23 所示。生產訂單協調處理的具體程序如下：

⑴銷售部與客戶進行協調與溝通，根據訂單要求，制訂主生產計劃。

⑵研發部根據訂單要求，開發研製新產品、新模型，使用新技術、新材料等。

圖 1-23　訂單協調處理所涉及的部門

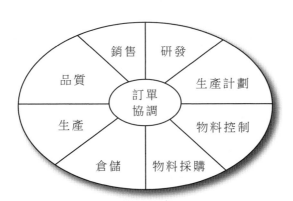

⑶訂單協調部門與生產計劃部進行協調，制訂生產計劃，安排訂單生產排程。

⑷與物料控制部協調，制訂物料需求計劃，提交請購單。

⑸與採購部協調，制訂採購計劃，並跟蹤供應商的執行情況，以便根據生產及存貨需求進行調整，確保生產正常進行。

⑹倉儲部應及時安排出貨、收貨、發料，以滿足生產線的需求，

並合理地管理存貨，以保證物料供應數量準確。

⑺與生產部進行協調（包括人、機、物的生產準備工作），及時調整生產進度，保證按時交貨。

⑻與品管部進行協調，檢驗物料品質及產品品質，並處理品質異常問題。

⑼銷售部與倉儲部協調制訂出貨計劃和安排運輸計劃，確保訂單準時交付以及控制運輸費用，並按月報告。

三、要與物料部協調物料供應

1. 與採購部的協調

採購部應根據生產計劃，及時採購保質、保量、適時的物料。

表 1-24　與採購部進行協調的內容

序號	內容	說明
1	物料品質	採購部應及時採購適當品質的物料以滿足生產需求
2	物料數量	生產部依據用料預算和生產計劃提出請購量，並上交請購單，採購部依據請購單採購物料，採購部必須與生產部密切配合，保證準確的採購數量
3	供料時間	生產部按照生產計劃，事先提出物料請購，留給採購部充分的準備時間，以便採購部能按照生產部的要求適時供料

表 1-25 物料採購單

編號：＿＿＿＿＿＿＿＿＿

訂購日期			預定交貨日期			交易條件	
交貨方法			交貨地點			付款條件	
序號	統一編號		物料編號	名稱/規格	單位	數量	單價	金額
合計							
註：同意依照本訂單所述條件交貨。							

表 1-26 物料請購單

編號：＿＿＿＿＿＿＿＿＿

請購部門	代號	預算編號	請購日期	需要日期	請購單編號	採購單號
			年 月 日	年 月 日		

物料編號	物品名稱	規格	單位	驗收方式	速件類別

請購	物料編號	物品名稱	規格	單位	交貨驗收 試車驗收	普通 速件 緊急
				數量		
	用途說明：		副理：	經理：	部長：	經辦人：

採購	詢價記錄	廠商	1	2	3	4	5	過去詢價記錄	日期	1	2	3
		廠牌							廠商			
		規格							廠牌			
		單價							規格			
		總價							單價			
		備註							備註			

會簽	審核單位	總經理	主管 副總經理	會簽單位	採購單位	1. 擬向＿＿＿＿採購 2. 擬於＿＿年＿＿月＿＿日交貨 3. 付款條件：
						經理　科長　組長　經辦人

2.與物料控制部的協調

⑴物料控質部根據生產計劃的要求,對生產所需要的物料進行準確的分析(見表 1-27),制訂完整的物料需求計劃。

⑵對採購的物料進行品質、數量控制。

⑶對物料進出、存量進行控制(存量控制卡,見表 1-28)。

⑷對呆廢料、不良物料進行處理和預防等(見表 1-29 和表 1-30)。

表 1-27　物料需求分析表

編號：＿＿＿＿＿＿＿＿＿　　　　　　　　日期：＿＿＿＿＿＿＿

序號	材料名稱	存量	各訂單需求量預計					不足數量	上次訂單餘量	訂購		預計入庫日期	備註
			單1	單2	單3	單4	…			日期	數量		
1													
2													
…													

表 1-28　存量管制卡

卡號：＿＿＿＿＿＿＿＿＿

產品名稱		物料編號			請購點			安全存量	
規格		存放	庫號：架位：		一次請購量			採購前置時間	
日期	憑證號碼	摘要	入庫		出庫		結存數量	請(訂)購量						備註
			收	欠收	收	欠收		訂購量	訂單號	訂購日	請求交貨日	實際交貨日	交貨量	

表 1-29　呆料處理申請單

編號：＿＿＿＿＿＿＿＿＿

申請部門					日期				
序號	產品名稱	物料編號/規格	單位	數量	存放地點	原因	賬面價值 單價	總價	鑑定意見
1									
2									
3									
…									
合計									
批准			主管				申請		
說明：1. 定期就部門內的呆料、廢料提出處理意見； 　　　2. 原則上每月一次。									

表 1-30　不良物料處理單

編號：＿＿＿＿＿＿＿＿　　　　　　　　　　　日期：＿＿＿＿＿＿＿＿

生產單位				不良原因說明	
製造工作單號					
製造工作單量					
物料編號	產品名稱	部門	需退量	實退量	品管檢驗
核准	覆審	初審	製單		倉庫簽收

3. 與倉儲部的協調

倉儲部要根據生產部門的領料單（見表 1-31）及物料需求計劃、採購計劃（見表 1-32）提前備料，並負責物料的收發與檢驗（見表 1-33、表 1-34）等。

表 1-31　領料單

編號：＿＿＿＿＿＿＿＿　　　　　　　　　日期：＿＿＿＿＿

領料部門		製造單號				
申請用途理由說明		□材料　□半成品　□物料 □成品　□不良品　□其他				
物料編號	產品名稱	部門	申請量	實發量	不足量	備註
覆核：		倉儲部門		領料簽收		
		主管	經辦人	主管	經辦人	

表 1-32　月份採購計劃表

編號：＿＿＿＿＿＿＿＿　　　　　　　　　月份：＿＿＿＿＿

序號	採購物料名　　稱	型號規格	計劃數量	採購數量	計劃到貨日　　期	實際到貨日　　期	備註
1							
2							
3							
4							

表 1-33　收貨單

類別		申請號碼	廠商名稱	約定交貨日期		收貨日期	統一發票號碼	
□材料　□半成品 □成品								

項次	訂單號碼	產品名稱	材料編號	申請數量	單位	實收		單價	金額	累計數量
						數量	件數			
說　　明										
檢驗結果										
收貨部門										

部門：_____　　　經辦人：_____　　　日期：____年___月___日

表 1-34　物料收發記錄表

編號：_____　　　　　　　　　　　　　庫管：_____

序號	物料名稱	規格型號	入庫數量	日期	出庫數量	領用人	日期	結存
1								
2								
3								
4								

4.物料供應狀況管制與跟蹤方法

⑴掌握用料的管理作業流程。

⑵運用上述表單管制供料狀況。

⑶實施同步生產與交貨,以確保生產與供料相一致。

⑷運用目視管理及顏色標識,使備料狀況視覺化,以便切實管制供料。

⑸運用其他物料管制手法,包括跟催看板、雙倉制以及存量管制技術等。

⑹運用電腦技術使物流與資訊同步,進一步掌握供料狀況。

⑺通過召開物料會議,確認供料狀況。

⑻及時檢討物料損耗狀況,必要時調整用料基準,同時可適時調整供料數量及交期。

圖 1-24　用料管理作業流程

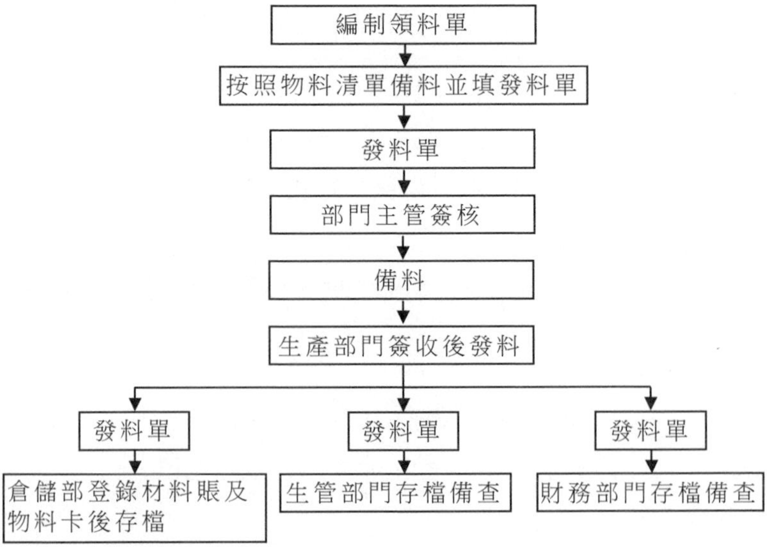

```
┌─────────────────────────┐
│         編制領料單          │
└─────────────────────────┘
             │
┌─────────────────────────┐
│    按照物料清單備料並填發料單    │
└─────────────────────────┘
             │
┌─────────────────────────┐
│          發料單            │
└─────────────────────────┘
             │
┌─────────────────────────┐
│        部門主管簽核         │
└─────────────────────────┘
             │
┌─────────────────────────┐
│           備料            │
└─────────────────────────┘
             │
┌─────────────────────────┐
│      生產部門簽收後發料       │
└─────────────────────────┘
      │         │         │
 ┌────────┐ ┌────────┐ ┌────────┐
 │  發料單  │ │  發料單  │ │  發料單  │
 └────────┘ └────────┘ └────────┘
      │         │         │
┌──────────┐┌──────────┐┌──────────┐
│倉儲部登錄材料││生管部門存檔備查││財務部門存檔備查│
│賬及物料卡後存檔│└──────────┘└──────────┘
└──────────┘
```

四、與客戶部協調交貨期

如果出現下列情況, 生產部則應與客戶部協調交貨期。

⑴產品研發貽誤, 不能滿足客戶要求, 需重新開發。

⑵物料採購出現異常時, 包括物料品質異常、物料短缺等。

⑶出現重大設備故障, 需停機維修時。

⑷產品品質出現異常時。

⑸客戶訂單變更且影響交期時。

協調的目的是解決問題, 應該互相合作, 爭取達成共識, 而不應推卸責任。具體可使用發貨控制表進行跟蹤控制, 如表 1-35 所示。

表 1-35　發貨控制表

序號	接單日期	製造單號	產品名稱	數量	單價	金額	客戶名稱	交貨期	生產日期		裝運日期	備註
									自	至		

第四節　作業指導書編制規範

第 1 章　總則

第 1 條　目的

1.規範生產作業流程，實現生產作業的標準化，提高生產效率和產品品質。

2.幫助生產操作人員識別物料與產品，採用正確的作業方法和自檢互檢方法。

3.規定合理的作業時間，確保完成任務。

第 2 條　適用範圍

工廠各生產作業流程作業指導書的編寫與完善等相關工作均需參照本規範進行。

第 3 條　解釋說明

1.生產作業指導書用於指導具體的作業，如儀器設備的操作、產品或原材料的檢驗與試驗、計量器具的檢定、產品的包裝等。

2.作業指導書是為保證過程品質而制定的程序，是指導、保證生產作業過程品質的最基礎的文件，為開展純技術性品質活動提供指導，有時也稱為工作指導令或操作規範、操作規程、工作指引等。

第 4 條　職責分工

技術部門負責生產作業指導書的編寫與改善工作，生產現場嚴格執行作業指導書。

第 5 條　作業指導書按內容可劃分為以下三類。

1.用於生產、操作、核對總和安裝等具體過程的作業指導書。

2.用於指導具體管理工作的各種工作細則、計劃和規章制度等。

3.用於指導自動化程度高而操作相對獨立的標準操作規範。

第 2 章　作業指導書編寫原則與內容

第 6 條　編寫原則

1.簡單實用的原則。

2.內容易懂的原則。

3.盡可能方便使用者的原則。

4.易於修改的原則，在持續品質改進過程中，發揮員工的積極性和創造性。

5.與已有的各種文件有機結合的原則。

第 7 條　為明確編寫作業指導書的必要性，技術部門需回答以下問題。

1.為什麼要編制此作業指導書？

2.有了此作業指導書，能執行什麼任務？能夠控制那些影響品質的因素？

3.崗前培訓、崗位培訓能否覆蓋或取代此作業指導書？

第 8 條　作業指導書編寫內容

1.作業內容，即此工序需要做的事。

2.作業簡圖，即用圖示的方式表達作業內容。

3.作業工時，即完成此工序所需要的時間。

4.品質要求與檢查。

5.物料內容描述，即此工序所用到的物料。

6.使用工具描述，即此工序所用到的工具。

7. 注意事項,即在操作時遇到的問題與必須注意的地方。

8. 審批權限。

9. 適用的產品名、工序、編號和日期,便於文件管理。

第 9 條　編寫內容應滿足 5W1H 原則

1. Where,即在那裏使用此作業指導書。

2. Who,即什麼樣的人使用該作業指導書。

3. What,即此項作業的名稱及內容是什麼。

4. Why,即此項作業的目的是什麼。

5. When,即何時使用該作業指導書。

6. How,即如何按步驟完成作業。

第 10 條　數量要求

1. 不一定每一個工位、每一項工作都需要成文的作業指導書。

2. 在培訓充分有效時,作業指導書可適量減少。

第 11 條　作業指導書需是生產作業特定操作的條件和標準,具體要求如下。

　1. 條件

⑴明確操作的場合或前提條件。

⑵明確這項操作由誰開始和認可。

⑶規定人員條件、環境條件、設備要求和量塊要求等檢定條件。

　2. 標準

作業指導書需提供權威的作業標準,如尺寸、公差、公式、表格、溫度範圍、表面條件、加工方法、成分和原材料等。

第 3 章　作業指導書具體編寫要求

第 12 條　技術部門在編制標準化作業文件之前應廣泛地調查

研究與收集資料，確定各項作業內容以及可以進行標準化的內容。

第 13 條　技術部門在制定作業標準時所收集的資料應包括以下四個方面的內容。

1. 國內外與本工廠產品或生產線有關的標準資料。

2. 與工廠的現場生產相配套的標準和相應的參考資料。

3. 工廠的設計部門、生產部門、品質部門及工廠具體操作人員對作業標準的意見和建議。

4. 與作業標準相關的歷年現場生產技術數據。

第 14 條　技術部門編制出的標準作業草案經生產總監審核後必須發放到生產現場由工廠主任組織試運行，試運行的時間一般不超過兩個月。

第 15 條　技術部門根據收集到的試運行信息與相關部門進行討論、求證，對標準作業方案進行最終的校對確認，並報生產副總與總經理審批，審批通過後方可執行。

第 16 條　技術部門制定的作業標準必須包括產品標準、技術標準、半成品標準、設備技術標準、計量標準、包裝技術標準、包裝材料標準、現場環境標準、安全生產技術標準、標識、搬運技術標準和技術基礎標準等內容。

第 17 條　格式要求

1. 以滿足培訓要求為目的。

2. 既可以用文字描述，也可以用圖表表示，或兩者結合起來使用。

3. 簡單、明瞭、無歧義。

4. 美觀、實用。

第 4 章　作業標準的修改與復審

第 18 條　技術部門與生產現場定期召開作業標準改善檢討會議，提出作業改善的相關事項及方向，不斷完善作業標準。

第 19 條　有下列情形之一者，技術部門需修改作業標準。

1. 標準中的內容在配上圖後仍有含糊不清、難以理解的。

2. 標準中要求的工作在現實中無法完成或即使完成也需要付出很大代價。

3. 工廠生產的產品品質水準已經做出變更。

4. 技術流程已經改變。

5. 生產設備的部件或材料已經發生改變。

6. 生產設備、生產工具或使用的儀器發生改變。

7. 工作程序出現了變動。

8. 影響生產的外界因素或要求發生了變動。

9. 行業標準發生了改變。

第 20 條　修訂作業標準時，必須由生產部或技術部門提出申請，經生產總監組織相關人員開會審議後，方可進行修訂。

第 21 條　修訂作業標準時，對於工廠在生產中無法滿足的行業標準，只能採取組織技術攻關或引進新的技術及設備的措施，不允許隨意降低行業的作業標準。

第 22 條　根據現實情況的需要，工廠所制定的作業標準需每兩年進行一次復審。

第 23 條　復審工作由生產總監組織生產部、技術部、品質管理部的相關人員組成作業標準復審工作小組進行。

第 24 條　作業標準的復審結果一般包括重新確認、修改、修

訂與廢止四種，具體執行如下。

1. 確認，指作業標準仍能滿足當前生產的需要，各種技術參數與技術指標符合當前的技術發展水準，作業標準的內容不做修改。對於此類復審結果，只需在複印的封面上註明「XXXX 年確認」即可。

2. 修改，指對作業標準的名稱、技術參數、示意圖和示意表等內容進行少量的修改與補充，經修改補充後，此類作業標準仍然可以使用。

3. 修訂，指當主要的作業標準內容發生較大的改變時，需要重新修訂原來的作業標準。此類標準進行修訂時必須在原件處附上修訂的詳細依據（如原標準執行時存在的問題、技術的發展現狀等），並且按照標準的編號將原作業標準資料全部收回後再下發修訂過的作業標準。

4. 廢止，指復審的作業標準的內容已不適合當前的生產需要或復審時的作業標準已經失去了意義，故做廢止處理。

心得欄

第五節 （案例）產銷會議的作業細則

一、召集單位：

生產管理企劃單位。

二、參加單位：

1.業務部； 2.財務部； 3.採購科；

4.工廠：品質管理、生產管理、技術、維護、現場各製造科、物料管理、人事等；

5.其他各科組有關人員。

三、會議週期：每月召開一次，特殊情況可召開臨時會議。

四、準備資料內容：

1.業務部：新接訂單情況，客戶投訴情況，發貨及訂單變更。

2.財務部：預算與實際的差異，需要與各單位配合的事項。

3.採購科：採購的情況及物價波動、廠商等現狀。

4.工廠：

(1)品質管理：製造、外協、成品等品質管理資料及品質管理檢查的實際情況。

(2)生產管理：實際產量與計劃產量的差異情況，超前或落後原因分析及產能分析等資料。

(3)技術：新產品開發設計情況，操作方法的改進意見。

(4)維護：設備運轉狀況及維護保養的情況。

(5)現場各製造科：生產所遇到的困難、問題及操作方法改進意

見。

(6)物料管理：成品庫存情況及物料管理情況。

(7)人事：現有人員人數，出勤率。

5.其他各科組有關人員：提出實際所發生問題及改善意見。

6.各單位對目前所發生的問題、困難所採取的應急措施。

7.各產品於完成出貨手續後要結算，反映各項成本及生產時所發生的種種情況與問題。

8.各項資料儘量以圖表的方式表示。

五、報告及討論內容：

1.各單位依其準備資料提出報告。

2.生產進度超前、落後及各單位所發生的問題、困難等原因分析。

3.應急措施的決定、加班、調整生產線、延期交貨、外協等。

4.應急措施的執行與檢查及防止再次發生的措施。

5.品質合格率的檢查。

6.為達成目標，各單位應協助的項目。

7.確定及協調新接訂單的生產排程。

8.客戶抱怨的情況及改善措施。

9.作業流程及操作方法、技術等改善意見的研討。

10.生產計劃的變更等。

六、產銷控制異常處理流程。

七、產銷會議所有報告及討論、決議事項要作會議記錄並貫徹執行，並於下次會議時報告執行成果。

第 **2** 章

生產訂單的接收管理

　　訂單接收是企業生產的基礎，特別是對於訂單型生產企業，其生產運作始終是圍繞訂單展開的。因此，生產企業必須重視訂單接收管理的相關一系列工作。

第一節　生產訂單的接收

　　訂單型生產企業主要根據客戶訂單安排生產，所有生產工作都是圍繞生產訂單展開的。

一、接單管理的六大要素

　　接收訂單必須掌握接單管理的關鍵要素，為接收優質訂單創造條件。

　　接單管理的六大要素：

1. 優質訂單

⑴價格合理，利潤空間較大

通常對生產企業而言，產品毛利潤與總成本的比值大於 18% 時，則認為該訂單的利潤空間較大。

⑵品質要求清晰

產品品質要求是否清晰是決定訂單是否贏利的關鍵。清晰的品質要求需具備以下特點。

①形式文件化，表述全面，供求雙方達成一致認識。

②各環節具有相同的且能達到檢驗條件。

③機器檢驗項目多，人工檢驗項目少。

④符合行業規範和慣例。

⑶具有品牌實力

一般而言，客戶的知名度越高，其銷售量會越大，這也意味著該客戶對產品的需求量也較大，利於形成穩定的客戶關係。

⑷批次少，批量大

產品訂單批量越大，批次越少，規格品種越單一，則生產中因轉換產品型號帶來的麻煩和浪費也就越少。

⑸交貨期限寬鬆

交貨期限寬鬆能確保企業有足夠的時間進行準備和生產，避免因交貨期過緊而出現產品品質問題。但另一方面，如果交貨期過長，也會隱含匯率、期貨或者原材料漲價的風險。

⑹具有通路優勢

通路優勢是指該客戶具有廣泛的銷售管道和客戶關係，企業能通過該客戶尋找到其他有價值、有潛力的客戶。

(7)訂單變更少

訂單變更包括兩方面內容。

①產品要求變更。包括變更結構、材料、外觀、性能、包裝等。

②業務變更。包括變更訂購數量和品種、交貨方式、地點和時間等。

訂單變更會給企業帶來很多麻煩。例如,生產計劃的變更、成本增加等。

(8)客戶潛力大

潛力大的客戶是指企業的大客戶、核心客戶,以及具有翻單或引發訂單群體效應,同時具有良好信譽的客戶。

2. 客戶

企業客戶包括制造型企業、貿易公司、最終消費者、政府機關及外協廠商等。

所以必須先瞭解客戶的來源以及真正的需求,為爭取主動創造有力的條件。

3. 客戶意圖

不同客戶其意圖也不同,接單員應有效識別客戶意圖,合理分類管理,做到有的放矢。

①制造型企業。要求價格適宜、供應穩定、品質嚴格、交期準確、配合良好。

②貿易公司。要求物美價廉。

③最終消費者。要求能得到實惠,以及物有所值或物超所值。

④政府機關。要求信譽度高。

⑤外協廠商。要求規模生產、價格合理、供應穩定、交期準確

等。

4. 企業獲得的利潤空間

應根據訂單利潤空間的大小，首先確定是否接收訂單，接著要合理配置資源，優先滿足關鍵客戶，並不斷超越他們的期望，以獲得較大的利潤空間。

5. 獲得客戶的途徑

企業應積極採取各種方法或途徑獲得客戶。

6. 客戶信用度

客戶信用度是企業接收訂單時應考慮的一個重要因素。不同客戶其信用度也不同。不同客戶信用度分析，如表 2-1 所示。

表 2-1　不同客戶信用度分析

序號	客　戶	信用度分析
1	老客戶	有一定的合作經歷，能產生口碑效應，信用度最高
2	老客戶介紹的客戶	具有口碑連鎖效應，信用度比較高
3	接單員開發的客戶	需要一定時間進行識別和建立信用
4	廣告宣傳和從互聯網上得到的客戶	由客戶主動聯絡企業，信用度不可知
5	因某些機構指定形成的客戶	因有一定背景關係，信用度較高，這類客戶較特殊，但需處理的事務也較多

二、訂單要求與回應技巧

當客戶對訂單提出詳細要求時，跟單員應恰當地進行回應。

1. 產品品質需求的回應技巧

(1)客戶對產品品質要求較高時

企業應根據實際生產能力，判斷是否能滿足客戶的需求，以做出不同的回應，具體包括以下兩種情況。

①能滿足客戶的品質需求時，應根據產品生產的難易程度、所需成本，進行具體分析和報價，有時應提高產品價格。

②不能滿足客戶需求時，應與客戶溝通，向客戶解釋企業的困難以及不能完成的原因，爭取客戶諒解。即使不能合作，也要與客戶建立良好關係，爭取下次合作機會。

(2)客戶對產品品質要求較低時

客戶對產品品質要求雖然不嚴格，但要求降價。這時，應採取以下的回應方式。

①對於大客戶(關鍵客戶)，可採用電話、面談等方式，從企業生產成本等方面進行詳細分析，讓客戶理解不能降價的原因，以達成交易。

②對於一般客戶可直接回函，闡明所報價格不能再降低的理由。

2. 產品數量、交貨期需求的回應技巧

(1)產品數量需求的回應技巧

當客戶對產品數量需求較大時，需制訂詳細、準確的生產計劃

並正確評估生產能力。如不能滿足,則應向客戶說明原因。

⑵交貨期需求的回應技巧

回應交貨期的問題時,應根據產能分析、生產計劃、物料供應情況和訂單數量等具體確定。

3. 產品包裝、貨運方式等需求的回應技巧

⑴產品包裝需求的回應技巧

首先確認是否能滿足客戶對產品包裝的要求,若能滿足可直接回覆客戶,但是成本較高時,則需要與客戶協商提價;如不能滿足客戶要求,應解釋原因,尋找其他解決辦法。

⑵貨運方式需求的回應技巧

貨運方式包括空運、海運、陸運和郵寄四種。客戶訂單數量少又較緊急的情況下,宜採用空運。貨物數量大且不急的情況下,一般採用海運。有時,客戶會指定運輸方式,此時,應考慮運費由誰支付。對於關鍵客戶,應儘量滿足其要求,一般客戶需視具體情況進行回覆。

三、樣品的報價與交付管理

1. 樣品報價

當客戶有合作意向時,往往會通過電話、傳真或電子郵件等方式,詢問產品價格,並索要樣品。這時,就需要跟單員進行報價。

首先,應清楚客戶所需產品的名稱、規格、結構要求、包裝要求、交貨條件等。分為以下三種情況:

⑴如果是企業當前生產的產品,則可查看歷史記錄進行報價。

⑵如果與當前生產的產品不同,則需根據所耗用材料的成本進行報價。

⑶對於企業從未生產過的產品,但有生產能力時,則該產品報價為:

　　單價＝材料耗用成本＋生產成本＋管理費用＋稅收＋預定利潤

另外,如果需要開模,還應與客戶協商模具費用由誰承擔,或者將模具費用分攤到產品單價中。同時,報價還應根據訂貨數量的多少來做適當調整。

2.樣品交付

在接到客戶索樣的傳真或訂單時,跟單員應根據客戶要求,製作樣品生產通知單,並下發到生產部。

製作樣品時,如果是現有產品,則直接生產寄出即可。若是新產品,則需要研發部、生產部以及品質部協作,分為樣品製作、樣品確認和樣品交付三個步驟。

⑴樣品製作

研發部對製作樣品的性能要求、尺寸、外觀等需要進行驗證。當樣品不能滿足客戶要求時,應對樣品進行修改(包括改模具、圖紙),確保產品符合客戶要求。

⑵樣品確認

①總經理確認。

②客戶確認。

⑶樣品交付

①樣品經品質部檢驗合格後,應採用快遞等方式寄給客戶。

②樣品寄出後,應將客戶確認單傳給客戶,並請客戶回傳,同

時使用樣品追蹤管製表跟蹤訂單。

四、各類型訂單的接收技巧

1. 競標訂單的接收技巧

(1) 競標接單的過程

競標接單包括兩個關鍵要素。

①訂單資格要素。企業產品參與競爭的資格篩選標準，例如，價格、品質、交貨期、可靠性等。

②訂單贏得要素。企業產品或服務區別於其他企業的要素，例如，成本等。競標接單的過程，如圖 2-1 所示。

圖 2-1　競標接單的過程

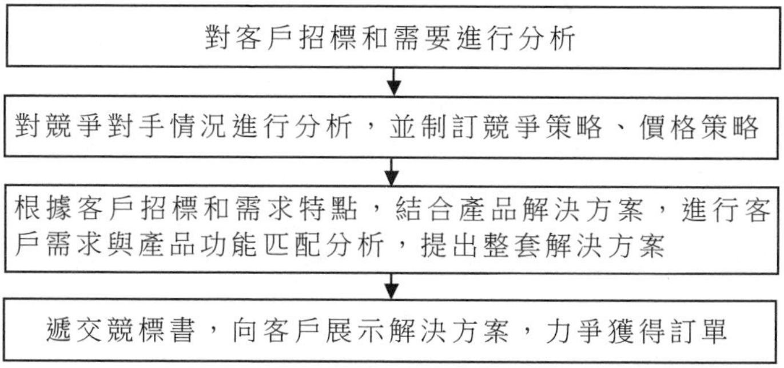

```
┌─────────────────────────────────────┐
│        對客戶招標和需要進行分析         │
└─────────────────────────────────────┘
                  ↓
┌─────────────────────────────────────┐
│ 對競爭對手情況進行分析，並制訂競爭策略、價格策略 │
└─────────────────────────────────────┘
                  ↓
┌─────────────────────────────────────┐
│ 根據客戶招標和需求特點，結合產品解決方案，進行客 │
│ 戶需求與產品功能匹配分析，提出整套解決方案      │
└─────────────────────────────────────┘
                  ↓
┌─────────────────────────────────────┐
│ 遞交競標書，向客戶展示解決方案，力爭獲得訂單    │
└─────────────────────────────────────┘
```

(2) 競標接單策略

在接單過程中，要想贏得競標，可採取以下策略。

①充分理解客戶對競標的要求，掌握競標的關鍵點。

②盡可能摸清競爭對手的底線。

③確定本企業的競標價格(調查市場和企業後得出的價格)。

④以平常心參加競標會。

⑤競標目的是為企業爭取盈利機會，不是擊敗對手。

2.一般訂單的接收技巧

在一般訂單接收過程中，不僅要考慮企業所能生產的產品品種，已接受任務的工作量，生產能力與原材料、燃料、動力供應狀況以及交貨期要求等，還要考慮價格對方是否能接受。

(1)接單的決策過程

接單的決策過程，如圖 2-2 所示。

圖 2-2　接單的決策過程

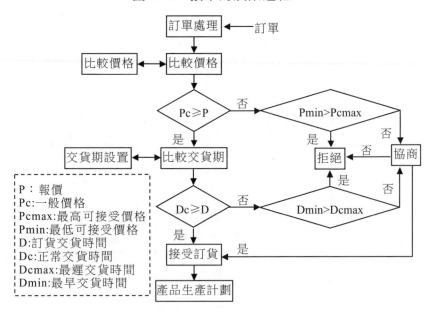

(2)接單員的工作要求

接單員應以誠信為本，用真誠打動客戶。

①態度：能讓客戶感受到自己的誠懇和實在。

②氣勢：在平等合作的基礎上獲取訂單。

③方法：先鎖定雙方期望的結果，然後循序漸進。

④內心：對於訂單相關聯的各種事務做到胸有成竹。

⑤做法：張弛有度，步步為營。

(3)一般訂單的接收步驟

一般訂單的接收分為五個步驟，如下所示。

第一步，識別潛在客戶。通過各種管道，尋找具有意向的客戶。

第二步，請客戶到企業參觀。通過現場參觀，讓客戶進一步瞭解企業。

第三步，吸引客戶。參觀過程中除禮貌招待外，還要讓客戶看到企業產品的優勢（品質、機器設備、材料等），以吸引客戶。

第四步，讓客戶提出條件。適時地讓客戶提出具體條件，尤其是那些表現猶豫的客戶，要仔細把握時機。

第五步，借助老闆/上司的力量接單。對企業能接受的訂單，應留出一定餘地讓老闆做決定。讓客戶覺得自己受到重視，並得到了最大實惠。

3.特殊訂單的接收技巧

特殊訂單包括海外訂單、軟單（指訂單中產品、數量、交期、品質、價格等只有定性而沒有定量的訂單）、問題單等，這些訂單除可採用一般訂單接收技巧外，還需根據其特點，採用特殊的接收技巧。

(1)海外訂單接收技巧

①給客戶提供最初查詢本企業產品的回憶參考點（時間、事件或物品等），這種固有的熟悉感，會增加客戶與企業合作的興趣與信

心。

②適當增加客戶壓力。目的在於督促客戶回覆的速度與關注程度。

③向客戶證實企業實力，並說明與我們合作能獲得的益處。

④切記企業不是向客戶索取，而是為客戶服務。

⑤善用一切手段，包括企業網站、電話溝通、個人素質等贏得海外客戶的信任。

⑥吸引客戶回覆你。例如，可以說「如果您回覆，我可以再寄樣品給您」；「如果您回覆，我可以向您介紹您的同行採購的那種產品」；「期待儘快收到您的回覆」。

⑦一封完整的感謝信。包括感謝、企業介紹、負責人的簽字或署名等。

接收海外訂單時，需注意對訂單細節問題進行審核。

(2)軟單、問題單接單技巧

軟單、問題單是每個企業接單員都會遇到的問題，這類訂單的接收技巧，如表 2-2 所示。

表 2-2 軟單、問題單接收技巧

序號	類別	釋義及接收技巧
1	軟單	軟單指訂單中產品、數量、交期、品質、價格等只有定性而沒有定量的訂單。 接收技巧 (1)對於翻單的軟單，若來自企業一級客戶則直接接收，可在生產過程中隨時溝通。若來自一般客戶，需簽訂協定，明確關聯責任後再接收。 (2)對於新開發客戶的軟單，必須先規定合作條件和訂立協定，並明確關聯責任後再接單。
2	軟單	儘量少接或不接收來自陌生客戶和有不良信譽客戶的軟單。
3	問題單	問題單包括訂單數量小、利潤小的「雞肋單」，客戶太挑剔的訂單，以及有不良記錄的客戶的訂單等。 接收技巧 (1)雞肋單，以不放棄為主，接收後採取外發方式處理，以拓展企業業務空間。 (2)客戶太挑剔的訂單，要理解不是客戶太挑剔，而是企業自己做的不夠好。應儘量進行長遠考慮，提升品質滿足客戶需求。 (3)有不良記錄的客戶。原則上能不接收就不接收。不得不接收的訂單，接收前必須簽訂協議，明確責任，並及時溝通。

軟單指訂單中產品、數量、交期、品質、價格等只有定性而沒有定量的訂單。

問題單包括訂單數量小、利潤小的「雞肋單」，客戶太挑剔的訂單，以及有不良記錄的客戶的訂單等。

五、訂單客戶的資訊管理

訂單客戶資訊管理是將收集到的客戶資訊進行整理和系統化管理，包括製作客戶資訊資料卡、建立客戶檔案等。

1. 製作客戶資訊資料卡

一份詳細的客戶資訊資料卡應包括客戶的基礎資料、客戶特徵、業務狀況和交易現狀四方面內容，如圖 2-3 所示。

圖 2-3　客戶資訊資料卡的內容

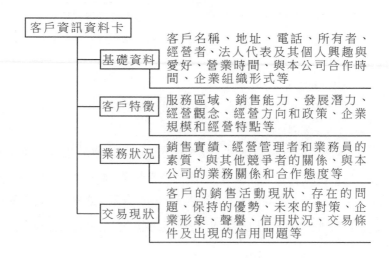

客戶資訊資料卡

基礎資料：客戶名稱、地址、電話、所有者、經營者、法人代表及其個人興趣與愛好、營業時間、與本公司合作時間、企業組織形式等

客戶特徵：服務區域、銷售能力、發展潛力、經營觀念、經營方向和政策、企業規模和經營特點等

業務狀況：銷售實績、經營管理者和業務員的素質、與其他競爭者的關係、與本公司的業務關係和合作態度等

交易現狀：客戶的銷售活動現狀、存在的問題、保持的優勢、未來的對策、企業形象、聲譽、信用狀況、交易條件及出現的信用問題等

表 2-3　客戶資訊資料卡

編號：　　　　　　　　　　　建卡日期：

×××公司客戶資訊資料卡		
客戶名稱		客戶位址	
負責人		電　話	
客戶性質	A、個體 B、集體 C、合夥 D、國營 E、股份公司 F、其他		
等級	A級　　B級　　C級		

主要經營項目：＿＿＿＿＿＿＿＿＿＿＿＿＿＿＿
　　　　　　　＿＿＿＿＿＿＿＿＿＿＿＿＿＿＿

主要聯繫人：＿＿＿＿＿＿＿＿
估計資本額：＿＿＿＿＿＿＿＿
估計營業額：

年	年	年	年	年	年	年
營業額						

與本公司合作的業務狀況：

交易金額記錄：

年份	年	年	年	年	年	年
營業額						

2.建立客戶檔案

　　企業應根據實際情況建立客戶檔案。例如，按照銷售量的多少、產品種類、客戶資信等級等標準建立客戶檔案，如表 2-4 所示。

表 2-4　建立客戶檔案的標準

序號	標準	優勢
1	按照銷售量的多少分類	便於隨時關注主要客戶的變動情況,有利於對不同客戶進行不同級別的監控,並實施相應的行銷策略和信用政策。同時,接單員還可以據此建立自己的客戶檔案,便於自己管理和使用。
2	按銷售區域分類	便於形成區域間的競爭優勢,可根據不同區域的具體情況制訂和執行不同的行銷策略及信用政策,適用於銷售量大、產品銷售區域覆蓋面廣的企業。
3	按行業進行分類	便於企業根據市場環境和行業發展狀況,隨時調整行銷策略和進行風險防範,適用於生產中間產品、基礎原料或能源產品的企業。
4	按產品種類分類	便於接單員關注每種產品的生產和銷售狀況,是進行市場行銷、新產品開發、開拓新市場的重要參考資料,適用於產品種類繁多的企業。
5	按客戶資信等級分類	按客戶資信等級建立客戶檔案,對接單員有很重要的參考價值。例如,某客戶最近經常拖欠貨款,信用等級評價很低,接單員如果正打算與其訂立貿易合約,在查到該資訊後,應慎重地做出決定。

除表 2-4 中所提到的分類方式外,還可以按建立行銷關係的時間順序和按照業務關係的疏密等建立和管理客戶檔案。同時,不同主體客戶檔案的側重點也不同,如表 2-5 所示。

表 2-5　不同主體客戶檔案的側重點

序號	主體	側重點
1	接單員	應按照銷售量和客戶資信等級建立檔案
2	行銷部	按照銷售量、銷售區域、消費者及產品種類建立檔案
3	企業管理層	應建立一個全面的、系統的資訊資料檔案

　　還應注意客戶資訊的保密管理，通過制定相應的制度，最大限度地杜絕企業內部人員與外部競爭對手串通，損害企業利益。

六、訂單的輸入管理

　　訂單輸入是指將已接收的訂單內容輸入電腦，對於訂單執行情況的全過程跟蹤。訂單輸入的內容包括訂單題頭、訂單內容。

1. 訂單題頭

訂單題頭內容，如表 2-6 所示。

表 2-6　訂單題頭內容

內容	要求時間
客戶名稱或編號	預訂
訂單編號	錄入（系統生成）
訂單類型	錄入
提單號	訂單類型要求時
銷售員	預訂
銷售管道	預訂
訂購日期	預訂
錄入狀態	錄入
發運目的地	預訂
開單目的地	預訂
協議	訂單類型要求時
幣種	錄入
價目表	預訂
開票規則	預訂
付款條件	預訂

續表

內容	要求時間
兌換類型	輸入的幣種不是本位幣時
兌換日期	輸入的兌換類型為用戶時
兌換率	輸入的兌換類型為用戶時
稅收處理	錄入
稅務原因	預訂稅務狀態為免稅時
付款金額	付款類型要求時
支票編號	付款類型要求時
信用卡	付款類型要求時
信用卡持有人	付款類型要求時
信用卡編號	付款類型要求時
信用卡到期日	付款類型要求時
信用卡審批代碼	付款類型要求時
會計規則	預訂

2.訂單內容

訂單內容，如表 2-7 所示。

表 2-7　訂單內容

內容	要求時間
行號	錄入
項目	錄入
訂貨數量	錄入
單位	預訂
銷售價格	預訂
請求日期	預訂

第二節　生產訂單的審核

　　企業接到訂單後，應及時落實，包括訂單評審、分析，訂單計劃的審核與監督等工作。

一、訂單的評審與風險防範

　　應在向客戶做出提供產品的承諾之前進行訂單評審，以進一步明確客戶的要求，並在一定程度上進行風險防範。

1. 訂單評審

(1)訂單評審的內容

訂單評審的內容，如圖 2-4 所示。

圖 2-4　訂單評審的內容

　　①技術保證能力。包括應用的材料，採用的結構和技術，要求的加工精度，產品的性能指標要求，設備加工性能的符合性，產品的包裝要求、功能尺寸，以及客戶的其他特殊要求等。

②品質保證能力。包括核對試驗要求、品質驗收方式、品質保證期、檢驗能力、品質標準、特殊品質要求、品質責任的確定方法和品質糾紛的仲裁等。

③物料保證能力。包括有無庫存或數量是否充足,材料品質狀況,是否採用了新材料,是否需要採購以及採購週期能否保證訂單交貨期要求等。

④生產保證能力。包括產品的數量和交貨期要求,以及產品所需的設備能力與供貨能力等。

⑤資金保證能力。包括訂單所需原材料、外協件、外購件的資金保證狀況及財務結算方式等。

⑥產品價格。包括常規訂單是否執行公司的價格政策及特殊訂單的價格是否合理等。

⑦其他。包括交貨方式、付款條件、運輸方式是否符合交通運輸法規及公司運輸現狀,保險費、運輸費等費用承擔情況,以及違約責任與經濟賠償等。

(2)訂單評審的相關部門及職責

訂單評審的相關部門及職責,如表 2-8 所示。

表 2-8　訂單評審的相關部門及職責

序號	相關評審部門	職責說明
1	銷售部	訂單評審的主要負責單位，負責組織評審，傳遞訂單資訊，與企業內部及客戶進行溝通等。
2	生產部	負責對超生產能力計劃的交貨期限、交貨數量進行評審。
3	財務部	負責對產品價格、付款方式及付款期限進行評審。
4	物料部	負責對超採購能力計劃的外協件採購及材料供應能力進行評審。
5	技術部	對所涉及產品的製造的可行性進行研究、確認並形成文件，包括進行風險分析和技術協議評審。
6	品質部	負責對品質保證能力進行評審。

(3)訂單評審程序的兩種情況

①已生產產品的訂單。由銷售部根據生產情況進行評審，訂單即為評審記錄。

②第一次生產的產品的訂單。由銷售部、技術部進行評審，銷售部接單後傳遞給技術部，技術部對製造的可行性進行評審，並編制開發任務書，註明評審意見，再將開發任務書傳遞給銷售部，開發任務書即為評審記錄。同意開發後，開發任務書即為生產訂單，如不同意開發，由銷售部與客戶進行溝通、協商。

(4)訂單評審表

表 2-9　訂單評審表

訂單編號		客戶名稱		接收日期	
產品名稱			注意事項		
評　　審	品管部	工程部	市場部	生產部	開發部
評審內容					
評審結果	簽名： 日期：	簽名： 日期：	簽名： 日期：	簽名： 日期：	簽名： 日期：
生產管理辦公室總結		簽名： 日期：			

2.風險防範

訂單評審的主要目的是企業要防範風險。

(1)資金風險

資金風險包括客戶的支付能力風險和企業財務預算風險。例如，一次性數量較大的訂單，所需資金數額巨大，一方面會造成資金週轉風險，另一方面，可能造成客戶拖欠結款的風險。

(2)信譽風險

信譽風險是指企業由於某些原因，沒有按照合約要求完成生產任務而造成的信譽不良的風險。例如，交貨期延遲、產品品質不合格、產品數量不足等。

二、訂單的分析與統籌

企業在訂單評審後，需對準備生產的訂單進行分析，並進行統籌規劃。

1. 訂單分析

訂單分析是指企業對如何達成客戶訂單要求而進行具體分析，即企業是否有時間和能力完成訂單，具體包括以下三個方面。

⑴企業是否有能力按合約要求向客戶提供產品。

⑵有能力時，是否存在其他問題，是那方面問題，需要如何解決？

⑶能力不足時，則要求業務部與客戶進行溝通與協調。

2. 訂單統籌

訂單統籌是在訂單分析的基礎上，制訂訂單計劃和安排生產活動的過程。

(1)制訂供貨週期計劃表

銷售部按照訂單的緊急程度和供貨週期進行訂單分類，安排訂單生產的先後順序，並制訂供貨週期計劃表。

表 2-10　某公司供貨週期計劃表

產品代號	A特急週期 20(天)	B計件週期 25～26(天)	C正常週期 27～30(天)	備註

說明：1. 急件週期加價 5%

　　　2. 特急週期加價 20%

(2)制訂訂單計劃

訂單計劃包括生產計劃、物料需求計劃、採購計劃等與生產相關聯的各階段的計劃。

①依訂單制訂生產計劃。生產計劃是企業安排生產資源的依據，生產計劃關係到是否能按訂單要求交貨。接單員應及時將訂單轉化為生產計劃，以便順利進行生產。

②依銷售計劃及生產計劃制訂物料需求計劃。物料需求計劃來源於主生產計劃、獨立需求預測、物料清單文件、庫存文件等。

物料需求計劃＝生產計劃量－庫存量＋預測的實際浮動量

③採購計劃。主要是確定採購的數量和時間。

採購下單數量＝生產需求量－物料需求計劃－現有庫存量

＋安全庫存量

採購下單時間＝要求到貨時間－認證週期－訂單週期－緩衝時間

④實施訂單計劃。

三、訂單計劃的審核與監督

要想確保訂單計劃的合理性，需及時審核和監督訂單計劃。

1. 審核與監督訂單計劃的內容

① 所有訂單必須通過訂單評審。

② 生產計劃必須由業務部下發次月的正式需求至生產計劃部後再行編制。

③ 生產計劃應編制合理，滿足生產要求，並保證不打亂原有計劃。

④ 外銷訂單應滾動下發，所下發的訂單週期原則上應不少於 60 天。

⑤ 物料需求和採購計劃應與生產計劃相協調，避免出現物料積壓或停工待料現象。

2. 審核與監督部門

訂單計劃的審核與監督部門包括銷售部、生產部、物料部及採購部，最後應由負責生產的副總經理簽字確認。

3. 審核與監督方法

具體可採用訂單安排記錄表和訂單統計表的方法監督訂單計劃的執行。

表 2-11　訂單安排記錄表

產品名稱			編號				規格					
接單日期	訂單編號	訂制規格	數量	交貨	業務員	客戶	預定生產	合併	合併後數量	製造單號	備註	完工記錄

表 2-12　訂單統計表

接單日期	製造單號	產品名稱	規格	訂貨量	單價	金額	需要日期	物料供應狀況	預定日期		品質記錄	完工日期
									自	至		

四、訂單的作業循環系統

訂單作業貫穿於整個生產流程，是從接收訂單、訂單分析、制訂訂單計劃、審核與監督，直到成品交付客戶的整個過程，並與銷售部、研發部、生產部、採購部等密切聯繫。

1.訂單作業循環系統

訂單作業循環系統，如圖 2-5 所示。

圖 2-5　訂單作業循環系統

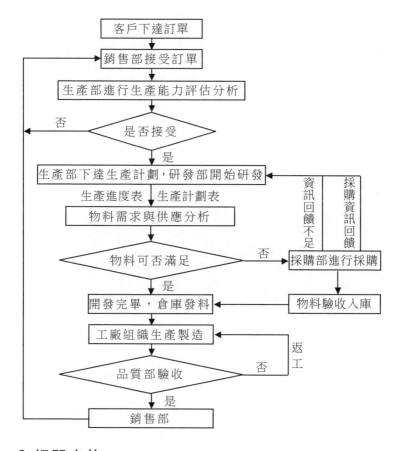

2. 相關表格

生產進度表(表2-13)和生產計劃表(表2-14)是訂單作業系統中的兩個重要表格。

表 2-13 生產進度表

使用單位：＿＿＿＿＿＿＿＿＿＿＿＿＿　　　　　月份：＿＿＿＿＿

部門	生產進度											
	1	2	3	4	5	6	7	8	9	10	11	12

表 2-14 生產計劃表

月份：＿＿＿＿＿＿　　該月預定工作日數：＿＿＿＿＿＿＿　　日期：＿＿＿＿＿＿

生產批號	產品名稱	數量	金額	製造工廠	製造日程		預出廠日期	需要工時	估計成本				附加值	備註
					起	止			原料	物料	薪資	…		

配合單位工時		預計生產目標		估計毛利	
準備組		產　值		附加值	
質檢組		總工時		製造費用	
包裝組		每工時產值			

五、訂單落實的程序與要求

訂單的落實程序，包括訂單接收、訂單評審、審批、評審處理、下達訂單、制訂生產計劃、實施生產、生產回饋和執行交付九個步驟。

圖 2-6　訂單落實程序與要求

接收訂單	銷售部接收客戶訂單，確定客戶需求和訂單的評審形式
訂單評審	銷售部組織各相關部門進行評審，評審合格後簽訂合約，並下達生產訂單；如評審不合格，則由銷售部與客戶進行溝通並進行退單處理
審批	由企業負責生產的副總經理或其授權人對合約進行審批
訂單評審處理	• 訂單評審無法滿足客戶要求時，由銷售部應與客戶進行溝通與協調，並做退單處理 • 經評審有疑問時，銷售部應及時與客戶溝通，以完全理解客戶要求。如果是企業能力不足，應向客戶說明，以求諒解；如果是不能按要求完成，應及時向客戶報告，並與客戶溝通，以便重新修訂合約 • 銷售部代表企業與客戶簽訂合約(含技術、品質協定)
下達訂單	銷售部根據銷售計劃及時下達訂單，傳遞到生產部及相關單位執行
制訂生產計劃	生產部根據訂單制訂生產計劃，並下達到各生產單位，準確實施生產
生產實施	各生產單位根據生產計劃組織生產
生產回饋	對在生產過程中出現的不能按要求完成的情況，應及時報告 • 對可以按訂單要求完成的由生產部組織生產 • 對確實不能按訂單要求完成的，生產部應向銷售部提出變更請求
執行交付	• 按訂單要求完成產品交付 • 銷售部根據生產部提出的合約變更需求資訊，向客戶提出變更請求

第三節　生產訂單的協調管理

生產訂單最終的實現者是生產部，企業在透過生產部與其他部門的協調與溝通，最終完成訂單任務。

一、生產部的工作協調與溝通

生產部是生產管理的核心部門，做好協調與溝通工作是順利完成訂單任務的保證。

1. 生產部外部工作協調與溝通

生產部與企業其他部門的工作關係，如圖 2-7 所示。

圖 2-7　生產部與其他部門的關係

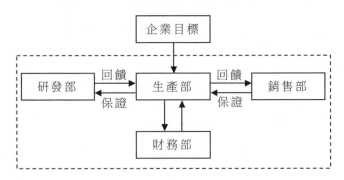

(1)生產部與研發部的協調與溝通

研發部為生產部提供設計圖紙，並進行技術指導。生產部為研發部的開發實驗提供詳實的數據和設備。

⑵生產部與銷售部的協調與溝通

生產部為銷售部提供適銷對路的產品。銷售部及時為生產部回饋最新的市場需求資訊，為生產部改進產品品質，開發新產品提供保證。

⑶生產部與財務部的協調與溝通

財務部為生產部所需物料及技術改進、設備更新等提供資金，同時控制生產成本。生產部通過實現產品的高品質、低成本和及時交貨，保證財務指標的實現和資金的正常週轉。

2. 生產部內部工作協調與溝通

生產部內部工作協調與溝通，如圖 2-8 所示。

圖 2-8　生產部內部工作協調與溝通

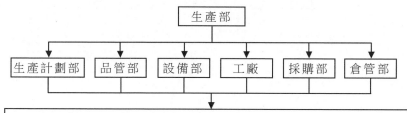

- 生產計劃控制。根據產能分析資料，制訂合理、完善的生產計劃，對生產計劃的變更採取有效措施
- 生產過程控制。準確控制生產進度，調整、平衡生產作業計劃
- 用料計劃與控制。根據訂單及生產實際情況，與採購部、倉管部協調、溝通，制訂物料需求計劃，保證物料供應
- 生產異常協調。針對品質異常、設備異常等情況，與品管部、採購部、倉管部等進行及時溝通

二、生產部廠長的訂單管理職能

廠長訂單管理工作流程,如圖 2-9 所示。

圖 2-9　生產部廠長訂單管理工作流程

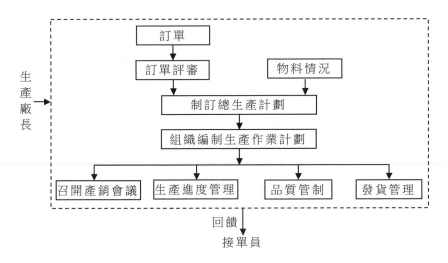

生產部廠長的訂單管理職能包括以下幾個方面。

1. 負責審定工廠總生產計劃,根據客戶訂單及物料情況合理安排生產。

2. 及時組織編制生產作業計劃和審核訂單,及時上報需延期的訂單,並回饋給接單員。

3. 定期召開生產調度會議,及時解決生產中存在的問題,確保按時交貨。

4. 及時瞭解生產進度,做好生產調度與控制工作。

5. 及時審核、督促、檢查特殊訂單的作業計劃和生產進度。

6. 追蹤每日發貨計劃的完成情況，督促、檢查成品發運工作。

7. 加強與接單員的協調，確保訂單順利執行。

8. 做好生產週期評審工作。

9. 負責制訂和修訂各項生產管理制度，督促生產現場管理工作。

10. 檢查工廠的各項工作，平衡產能情況，並做出合理調整。

三、生產計劃員的訂單管理工作

生產計劃員訂單管理步驟，分三個方面進行說明。

1. 訂單登記

將訂單登記在電子文件或訂單登記本上，並依據客戶類型、時間先後順序等進行歸類。

2. 訂單安排

①在考慮成本的前提下，必須依照訂單交期順序進行排列。

②安排的訂單，必須在登記本上做記錄，以顏色進行標示，並避免漏排訂單。

表 2-15　生產訂單安排表

編號：＿＿＿＿＿＿＿　　　　　　　　　　起止日期：＿＿＿＿＿＿

序號	產品名稱	交貨日期	接單日期	訂單編號	生產單號	數量	說明
1							
2							
……							

　　生產計劃員應通知物控員，查核訂單的成品、半成品、配件、原料庫存的底單，填寫物料請購單交給採購部。物料請購單(如表2-16所示)必須滿足交期要求，一般請購單日期要比生產日期提前5天左右。

表 2-16　物料請購單

製造單號：_____　　請購單號：_____　　請購日期：_____

產品名稱			生產數量		生產日期	
序號	材料名稱	規格	標準用量	庫存數量	本批採購數量	

3. 制訂週生產計劃

週生產計劃表，如表 2-17 所示。

表 2-17　週生產計劃表

編號：_____　　起止時間：_____　　編制人：_____

序號	產品名稱	型號規格	生產數量							備註
			一	二	三	四	五	六	日	

生產計劃員的工作職責包括以下幾個方面。

(1)生產計劃員依據月生產計劃、生產狀況及庫存原料狀況，制訂週生產計劃。週生產計劃應具體到每日、每批次、每道工序。

(2)根據月生產計劃及物料庫存情況，制訂物料採購計劃，經審核、批准後，交採購部進行採購。

(3)向生產工廠下達生產作業計劃，參加產銷協調會議，協調並解決生產中出現的問題。

(4)監督、檢查各工廠的執行情況，瞭解生產進度。

(5)審閱、分析生產月報表，並及時做出調整。

第四節 （案例）生產跟單員的訂單管理工作

生產跟單員的工作內容如表 2-18 所示。

表 2-18　生產跟單員的工作內容

序號	工作內容	職責說明
1	物料採購跟單	⑴制訂採購訂單(接收從計劃部門下達的訂單、審查訂單、接受訂單計劃、擬定訂單說明書) ⑵選擇供應商(查看採購環境、分析供應商現實供應情況、與供應商溝通、確定供應商) ⑶簽訂訂購合約(制訂採購合約、提交審查、與供應商簽訂合約並執行) ⑷合約跟蹤(物料進度控制，確認供應商技術文件，準備原材料，確認加工過程進度，組裝調試監測過程進展狀態，包裝入庫跟蹤) ⑸原料檢驗(與供應商確認檢驗日期，通知檢驗人員進行檢驗，檢驗結果處理) ⑹原料接收(送貨、接收、檢驗、入庫) ⑺付款操作(查看原材料檢驗入庫資訊，準備付款單，主管評審，資金平衡，付款，供應商收款確認) ⑻供應商績效評估(制訂供應商評估計劃，建議調整採購分配比例)
2	生產進度跟單	⑴根據訂單制訂並發放生產計劃及生產通知單、產品材料耗用明細表、物料發料通知 ⑵協助生管人員進行產能分析，安排和組織生產 ⑶統計每日生產報表，調查每日完成數量及累計數量，以瞭解生產進度並加以控制，確保按訂單要求準時交貨 ⑷將每日實際生產數據與預估生產數據加以比較，查看是否存在差異 ⑸追查產生差異的原因，並儘快採取措施追趕進度

續表

3	產品品質跟單	(1)進料品質檢驗(根據檢驗標準進行進料檢驗,妥善處理進料異常)
		(2)加工品質量檢驗(根據檢驗標準進行加工品質檢驗,妥善處理加工品質異常,並提出改善意見等)
		(3)制程品質檢驗(協助工廠做好品質管制、制程巡迴檢驗及品質異常控制)
		(4)成品品質檢驗(成品品質檢驗及異常處理,客戶抱怨及銷貨退回處理、分析、檢查與改善等)
4	外包加工跟單	(1)外包廠商調查、試作管理、外包價格詢問、簽訂合約
		(2)外包生產進度管理、模具管理、物料管理、品質檢驗
		(3)外包績效管理、外包產品發放與運輸管理、付款
5	貨物運輸跟單	(1)聯絡運輸公司或船務公司
		(2)製作包裝箱,選擇貨櫃
		(3)清點出貨數量,協助安排出貨和報關,通知客戶已出貨
6	客戶接待與管理	(1)瞭解客戶到訪人數、時間、地點、目的,並通知企業相關負責人
		(2)代訂酒店和接站
		(3)準備所需樣品及資料,並帶領客戶參觀企業
		(4)安排食宿
		(5)整理客戶資料

圖 2-10 生產跟單員的工作流程

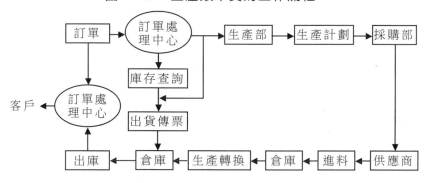

表 2-19　生產跟單員的行為規範

序號	行為規範	說明
1	接收訂單工作規範	(1)接單時必須要求客戶傳真書面訂單，如因客戶存在特殊原因而無法傳真書面訂單時，跟單員需要求該客戶填寫《特請單》或《送樣(贈送)申請單》，經生產經理審批後方可下單給生產管理辦公室 (2)訂單以書面形式為準，口頭訂單應詳細記錄，並經生產經理審核後方可下單 (3)審核訂單，包括產品的規格、價格、交期等 (4)審核訂單時如發現訂單不清楚，應先查閱客戶資料，如查詢不到，則應立即詢問管理此客戶的業務員或直接與客戶聯繫 (5)訂單與客戶以前所用規格不一致時，應及時與客戶進行溝通 (6)訂單確認完成後，需按客戶要求下單給物控部，同時在《訂單記錄表》上登記，並及時將訂單回傳客戶。若不能滿足客戶交期需求，應立即與客戶協商，並在訂單上註明實際交貨期，請客戶簽字確認
2	跟單準備工作規範	(1)全面準備並瞭解訂單資料，包括客戶製單、生產技術、最終確認樣、物料樣卡、確認意見或更正資料，確認所掌握的所有資料之間的製作技術細節是否統一、詳盡。對指示不明確的事項詳細應反映給技術部和業務部，以便及時確認 (2)仔細審核客戶確認的小樣，包括顏色、形狀、性能等 (3)仔細審讀訂單合約影本，明確訂單的品質要求、標準、交期、數量等 (4)保證公司與外加工廠之間所有要求及資料詳細、明確，並訂立書面協議 (5)瞭解各加工廠的生產、經營狀況，對工廠的優劣勢進行充分評估 (6)仔細審核與訂單相關的其他資料

續表

3	樣品 跟單 工作 規範	(1)按客戶提供的樣品，要求加工廠做產前樣品，產前樣品必須下達《打樣通知書》，內容包括外觀顏色、手感、形狀、性能、品質以及完成時間等 (2)打樣規定的材料要求與訂單一致，杜絕使用其他替代品 (3)根據打樣通知書，督導打樣人員正確進行產前樣品作業，提高打樣準確率 (4)產前樣說明卡需貼在規定表格內，根據打樣通知書標明型號、編號、送樣日期等 (5)產前樣物料卡要妥善保管，並編號放好，做到使用的時候隨時能找到
4	作業 跟單 工作 規範	(1)與工廠明確訂單合約的各項要求特別是品質標準和交期 (2)根據訂單交期，要求加工廠制訂物料計劃和生產計劃，確定分階段的成品數量，同時填寫《物料組織生產進度表》，及時向上級彙報 (3)物料進加工廠後，督促加工廠在最短時間內根據發貨單進行詳細盤點，並由加工廠簽收，如出現少料、多料應及時清點並確認 (4)根據雙方確認後的物料損耗與加工廠共同核對的物料的溢缺值，以書面形式將具體數據通知公司。如有欠料，需及時落實補料事宜並告知加工廠。如有溢餘則告知工廠退還公司，並督促其節約使用，杜絕浪費現象 (5)關於工序品質跟蹤，跟單員需要做好以下工作： ①是否在規定的檢驗條件下進行品質檢驗，工序品質的控制措施是否完善 ②小樣、確認樣是否正確一致 ③不定時到工廠檢查，向各工序的管理人員瞭解生產過種中出現的問題，如有必要，需向客戶或部門主管反映 (6)如加工廠前期未打樣，需安排其打樣並確認，將檢驗結果書面通知公司負責人和技術科，特殊情況需交至客戶，確認無誤後方可正式生產

續表

4	作業跟單工作規範	(7)投產初期，每個工廠、每道工序必須高標準地進行半成品檢驗，如有問題要及時反映給上級或本公司技術部，並監督、協助加工廠落實或整改 (8)每個工廠首件成品下機後，要對其尺寸、做工、外形、技術進行全面細緻的檢驗，出具檢驗報告書及整改意見，經加工廠負責人簽字確認後留工廠一份，自留一份並傳真至公司 (9)每天要記錄、總結工作，制定第二天的工作方案。根據生產計劃表，每日詳實記錄工廠物料進度、投產進度、產成品情況、投產機台數量，並按生產計劃表落實進度，生產進度要隨時彙報 (10)針對客戶方或公司所提出的製作、品質要求，監督、協助加工廠落實到位，並及時向公司彙報落實情況 (11)訂單生產結束後，詳細清理現場，收回所有剩餘物料 (12)對生產過程中各環節(包括公司相應部門和各業務單位)的協同配合力度、出現的問題、對問題的反應處理能力以及整個訂單操作情況進行總結，以書面形式報告公司主管
5	檢驗跟單工作規範	(1)生產出成品後，需要不定期抽驗，做到有問題早發現、早處理，保證成品品質和交期 (2)按國際標準或公司內部檢驗標準進行檢驗，並保證檢驗方式的正確性 (3)在標準檢驗條件下，以確認樣為準，同時參考小樣或原樣進行對比，不符合產品品質的產品必須進行返修 (4)檢驗時需要檢驗外觀品質及進行性能測試，以保證達到客戶的品質要求
6	產品包裝跟單工作規範	(1)根據不同的產品，採取有針對性的包裝方式，包裝箱外必須註明型號、顏色、數量、日期、訂單號等 (2)成品包裝完後，要將訂單數與裝箱單進行核對，檢查數量、型號是否相符，如有問題必須查明原因並及時解決 (3)當天下午需列印第二天需出貨的產品的送貨單

續表

7	產品 送貨 跟單 工作 規範	⑴送貨單與派車單一併交由主管審核 ⑵必須登記客戶名單，並致電要求其回簽送貨單，如超過三天未回簽，應書面報告市場經理予以解決 ⑶所有送貨單必須於第二天上午收回，並整理歸檔 ⑷收回送貨單時要審核送貨單是否有送貨人、收貨人簽名(收貨單位印章) ⑸收現金或代收貨款的送貨單，送完貨後立即將財務聯及產品出庫單交財務部 ⑹前一天出貨的所有出庫單，在第二天上午9：30前交於主管部門，由相關人員審核出庫單的客戶代碼、產品名稱、出貨數量以及簽收欄內司機有無簽名(無簽名需問清楚原因) ⑺所有客戶必須設立相關檔案，當訂單完結後應於當天存檔，做到日清日畢

心得欄 ----------------------------

第 *3* 章

生產訂單的計劃安排

　　生產訂單的計劃安排的內容，先有訂單生產計劃，執行訂單排序與計劃管理，訂單作業的執行準備，確定訂單作業的生產工時和生產能力計算，改善生產瓶頸等。

第一節　訂單生產計劃

一、生產訂單與總生產計劃

1. 制訂總生產計劃的步驟

(1)市場預測，瞭解客戶訂單狀況

①確定每個時段應生產產品的品種、數量。

②確定產品性能、品質、交貨期等。

(2)生產計劃策略

根據客戶需求和內、外部因素，依據成本最小化原則，採用合適的方法解決產量和產出期等問題，擬訂生產計劃方案。

圖 3-1　制訂總生產計劃的步驟

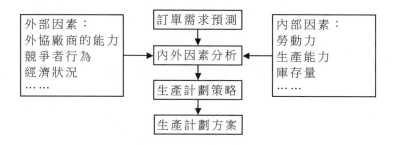

2. 生產訂單與總生產計劃的關係

圖 3-2　生產訂單與總生產計劃的關係

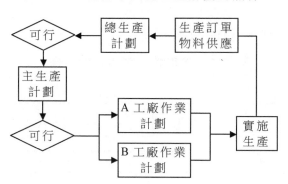

生產計劃策略實施的方法，如表 3-1 所示。

表 3-1 生產計劃策略實施的方法

序號	方法	說明
1	外協	利用承包商提供服務、製作零件和成品，以彌補生產能力短期不足的狀況
2	加班/部份開工	當正常工作時間不足以滿足需求時，可以安排加班；反之，可部份開工
3	聘用熟練工人	在訂貨變動，需求量突然增加時，可通過聘用熟練工人的方式來解決
……	……	

3. 總生產計劃的分解過程

圖 3-3 總生產計劃的分解過程

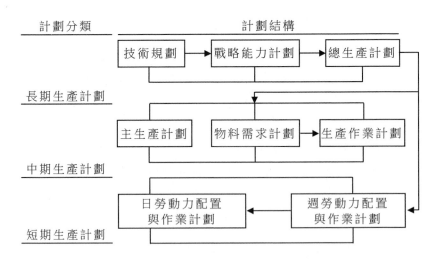

二、制訂工廠作業計劃

　　工廠作業計劃是總生產計劃層層分解的結果，有利於更好地組織日常生產活動，實現均衡生產，提高生產效率，保障訂單的交貨期。

1. 制訂工廠作業計劃的目標

制訂工廠作業計劃應達到以下目標。

⑴落實總生產計劃。

⑵合理化生產。

⑶實現均衡生產。

⑷提高效益。

2. 工廠作業計劃的類型

工廠作業計劃包括以下 3 種類型。

⑴季／月生產計劃。

⑵週生產計劃。

⑶日程計劃。

3. 制訂工廠作業計劃

(1)制訂季生產計劃。季生產計劃，如表 3-2 所示。

表 3-2　季生產計劃

編制日期：＿＿＿＿＿＿＿

項目＼月別		＿＿月		＿＿月		＿＿月	
產品名稱	規格	批量	數量	批量	數量	批量	數量
說明：・生產計劃週期為 3 個月或 6 個月 　　　・編制日期：每月 25 日 　　　・批量：訂單號、計劃批量 　　　・緊急訂單必須規定生產計劃方式，並每月修訂一次							

(2)制訂月生產計劃。月生產計劃，如表 3-3 所示。

表 3-3　月生產計劃

本月工作天數：＿＿＿＿＿＿＿　　　　　　　編制日期：＿＿＿＿＿＿＿

序號	批號	客戶名稱	產品名稱	數量	金額	製造單位	生產日期		預定出貨日期	備註
							開工	完工		
說明：・月生產計劃應注意與上月、本月、次月及至次數月的生產計劃的連慣性 　　　・充分考慮各項生產資源(人、材料、機器、設備等)的配合問題										

(3)制訂週生產計劃。週生產計劃，如表 3-4 所示。

表 3-4　週生產計劃

製造單位：＿＿＿＿＿＿＿＿＿＿＿＿　　　　　　編制日期：＿＿＿＿＿＿

序號	產品名稱	批號	客戶	批量	交期	一 _日	二 _日	三 _日	四 _日	五 _日	六 _日	日 _日	備註
說明：‧ 由月份生產計劃表及緊急訂單轉換而來														
‧ 注重安排生產與物料的具體計劃，並精確到每一天														

(4)制訂日程計劃。日程計劃的核心內容是預先設定從接單到交貨全過程的時間、順序、品種、批量等。日程計劃分為月日程計劃和週日程計劃。

週生產日程表和月生產日程表，如表 3-5 和表 3-6 所示。

表 3-5　週生產日程表

單位：＿＿＿＿＿＿＿＿＿＿＿＿　　　　　　日期：＿＿＿＿＿＿

批號	客戶	型號	批量	日期／比較	一	二	三	四	五	六	日
				計劃							
				實際							
				計劃							
				實際							
				計劃							
				實際							

表 3-6　月生產日程表

編制日期：＿＿＿＿＿＿＿＿＿　　　　　修訂次數：＿＿＿＿＿＿＿

序號	品名	批號	批量	未完成量/累計完成量	計劃量	交期	日期				
							1	2	…	30	31

三、制訂物料需求與供應計劃

1. 物料需求計劃

物料需求計劃即根據產品結構層次的從屬和數量關係，以每個訂單所需物料為計劃對象，以交貨期為時間基準倒排計劃，按提前期長短區別下達物料計劃的先後順序。

⑴物料需求計劃的構成

物料需求計劃的構成，如圖 3-4 所示。

圖 3-4 物料需求計劃的構成

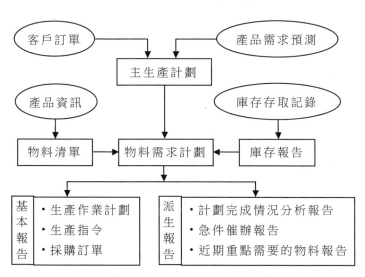

① **主生產計劃**(MPS)

確定產品在具體時間段內的生產數量的計劃。

② **物料清單**(BOM)

物料清單表明產品所需零件、原材料的數量及時間,如表 3-7 所示。

③ **庫存報告反映每種物料的現有庫存量和計劃接受量的實際狀態。**

表 3-7　物料清單

產品名稱			圖(略)										
產品型號													
用　途													
用料分析													
材料名稱	A	B	C	D	E	F	G	H	I	J	K	L	M
規　格													
物料編號													
計量單位													
每一個用料量													
預估備用率(%)													
材料來源													
單　價													
訂購前置時間													

(2)物料需求計劃的目標

①及時取得生產所需的原材料及零件廣並按時供貨。

②盡可能使庫存量降低。

③使生產與採購活動有計劃地進行，確保零件、外購件與裝配在時間和數量上準確銜接。

(3)制訂物料需求計劃的步驟

制訂物料需求計劃的步驟，如圖 3-5 所示。

圖 3-5　制訂物料需求計劃的步驟

1.計算物料毛需求量
　根據主生產計劃和物料清單，得出第一層級物料的毛需求量，並計算下一層級物料的毛需求量，依次展開計算，直到最低層級

2.計算淨需求量
　根據毛需求量、可用庫存量和已分配量，計算每一種物料的淨需求量

3.計算批量
　採用任何批量規則或不採用批量規則，決定物料生產批量

4.計算安全庫存量、廢品率和損耗率
　由相關人員規劃並計算每一個物料的安全庫存量、廢品率和損耗率

5.下達計劃訂單
　根據提前期生成計劃訂單，通過能力資源進行平衡與確認，正式下達計劃訂單

6.再次計算
　重新計算庫存量，覆蓋原來計算的數據，生成全新的物料需求計劃。在制訂、生成物料需求計劃的條件發生變化時，相應地更新有關記錄

2. 物料供應計劃

(1) 物料供應計劃的目標

①確保物料供應及時、齊備。

②平衡企業內的物料供需，合理部署和安排所需物料。

③根據生產進度的要求，按質、按量、按時地向工廠班組發料。

④充分利用所有物料，減少和杜絕浪費，降低成本，加速資金週轉，以提高企業生產效益。

⑵制訂物料供應計劃的過程

制訂物料供應計劃的過程，如圖 3-6 所示。

圖 3-6　制訂物料供應計劃的過程

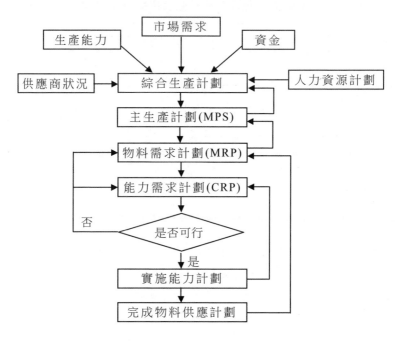

⑶制訂物料供應計劃

物料供應計劃，如表 3-8 所示。

表 3-8 物料供應計劃（存量訂貨型）

序號：＿＿＿＿＿＿

類別：＿＿＿＿＿＿＿＿＿＿　　　　　日期：＿＿＿＿＿＿＿

物料名稱	規格	物料編號	各月份需要量							合計	基本存量	進料計劃				交貨期（天）
			1	2	3	4	…	11	12			月份	數量	月份	數量	

批准／日期：＿＿＿＿＿＿　　核對：＿＿＿＿＿＿　　填寫：＿＿＿＿＿＿

四、預防物料短缺，保障訂單交期

根據訂單生產需要，進行物料需求計劃管理，對物料供應情況進行監控，防止物料短缺，保證訂單作業的正常進行。

1. 物料短缺的原因

(1)業務方面的原因

造成物料短缺的業務方面原因及對策，如表 3-9 所示。

表 3-9　造成物料短缺的業務方面的原因及對策

序號	原因	對策
1	品質要求不明確	設定完整的物料檢驗標準。如果產品條件變更時，需經研發部確認新的物料檢驗標準
2	零件申請前置時間不足	熟悉實際產能；細化生產管理流程；設定生產異常反應表，及時處理生產異常；減少生產插單
3	交貨期提前或交期時間過短	與客戶及運輸方協調，確保交貨期；進行準時化生產管理；提高企業生產能力
4	包裝材料提供太慢或臨時變更	接單時，應先確認最晚期限；變更設計時，及時通知相關部門；向客戶說明變更原因，協調延後交貨

(2)生產方面的原因

造成物料短缺的生產方面原因及對策，如表 3-10 所示。

表 3-10　造成物料短缺的生產方面的原因及對策

序號	原因	對策
1	用料計劃不準確	做好需求計劃，設定安全庫存量，按照「先進先出」原則使用物料
2	料賬不符	使用安全存量警示表和庫存變動明細表分析物料，定期盤點，完善領料和退料制度
3	請購前置時間不足	編制完善的用料計劃，提前發出產品變更通知，協商延長交貨期
4	請購遺漏	增加訂單時，做好請購準備；規範材料種類，列出明細表
5	欠料追蹤不明確	完善領料制度；及時調整庫存資訊避免數據錯誤

(3)採購方面的原因

造成物料短缺的採購方面原因及對策，如表 3-11 所示。

表 3-11　物料短缺的採購方面的原因及對策

序號	原因	對策
1	交貨期管理不當	與物料供應商建立長期穩定的關係,縮短採購管理流程,及時催交物料
2	採購量與請購量不符	做好採購前的審核工作;進行績效考核,監督業務人員的工作
3	採購前置時間不足	做好備料管理,設置採購提前期
4	供應商的不良率過高	嚴格進料檢驗工作,設定供貨的不良率,完善物料異常處理措施

(4)物料方面的原因

造成物料短缺的物料方面原因及對策,如表 3-12 所示。

表 3-12　造成物料短缺的物料方面的原因及對策

序號	原因	對策
1	用料標準未計算損耗	選擇信譽較好的供應商,建立物料損耗定額
2	用料管理不嚴密	設定物料存量卡,及時追蹤物料使用情況
3	生產計劃不完善	嚴格按照生產計劃作業,提供準確的庫存資訊
4	安排生產變更的通知時間不足	建立預警系統,設定安全庫存,尋找替代品,延長交貨期

2.物料短缺的預防措施

可採取以下措施預防生產管理中的物料短缺。

(1)完善物料管理制度

根據不同的物料控制對象,制定具體措施,做好物料需求控

制，確保物料清單的準確性。

(2)靈活應對生產計劃

根據實際情況，適當調整與物料相關的生產計劃。適當放寬難以跟催的生產計劃，掌握生產動態，及時與銷售部或客戶溝通，儘量減少生產插單。

(3)設置安全庫存

保證既不停工待料，又不至於過多積壓。

(4)與供應商建立長期的合作夥伴關係

①由供應商在廠區內設庫房，根據庫存和需求隨時補貨。

②將非核心低價位的零件外包，減少物料的採購品種。

③對於特殊物料，由生產部根據生產需求，定量開單採購。

④利用採購跟蹤表跟蹤控制供應商，如表 3-13 所示。

表 3-13　採購跟蹤表

序號	採購	物料名稱	規格型號	供應商	訂購日期	交貨		實到貨		品質記錄	請款		備註
						日期	數量	日期	數量		日期	金額	

說明：以月、週為單位進行跟蹤記錄。

五、物料供應進度落後的處理措施

物料供應進度落後，會影響生產計劃的排期，導致訂單交期延遲，進而影響企業信譽。

1. 物料進度落後的處理措施

⑴與供應商協調，並確定進貨時間。

⑵通知物料控制人員，並告知準確的進貨時間。

⑶與技術和物料人員進行協商，確定有無替代品。

⑷必要時變更生產計劃。

⑸考慮同種物料的分批次到位。

⑹考慮不同物料按順序到位。

2. 物料進度落後的跟催措施

⑴物料跟催的方法

如表 3-14 所示。

表 3-14　物料跟催的方法

序號	方法	說明
1	按訂單跟催	按訂單預定的進料日期提前一定時間跟催，具體分為以下三種方法： ⑴聯單法。將訂單按先後順序排列好，提前一定時間進行跟催 ⑵統計法。將訂單統計成報表，提前一定時間進行跟催 ⑶跟催箱。製作一個 31 格的跟催箱，將訂購單依照日期放入跟催箱，每天跟催相應訂單
2	定期跟催	於每週固定時間，將要跟催的訂單整理好，列印成報表，定期統一跟催

⑵物料跟催作業的要點

物料跟催作業的要點，如表 3-15 所示。

表 3-15 物料跟催作業的要點

序號	作業要點	說明
1	事前規劃	①確定交貨日期及數量 ②瞭解供應商生產設備利用率 ③提高供應商的原料及生產管理 ④準備替代品
2	事中執行	①瞭解供應商備料情況和生產效率 ②為供應商提供必要的材料、模具或技術支援 ③加強交貨前的控制與管理工作 ④做好交貨期及數量變更的管理 ⑤儘量減少訂單變更，特別是物料規格的變更
3	事後考核	①分析交貨延遲的原因，並制訂對策 ②分析是否需轉移訂單(更換供應商) ③制定供應商績效考核及獎懲管理措施

表 3-16 物料供應狀況跟蹤表(月)

編號：＿＿＿＿＿＿＿＿＿　　　　月份：＿＿＿＿＿＿＿

項次	物料名稱	庫存量	各生產批號需用量預計			不足數量	訂購		入庫日期
							日期	數量	

六、適當備貨，以應對訂單變化

訂單型製造企業受制於客戶市場的變化，生產計劃制訂人員可根據企業產品走勢適當備貨，以應對訂單變化。

1. 季節性生產備貨原則

季節性產品，在需求淡季和旺季應遵循不同的備貨原則，如表3-17所示。

表 3-17　季節性產品的備貨原則

序號	季節	備貨原則
1	銷售淡季	①適當縮減產品的計劃生產量 ②轉移部份生產能力，生產處於需求旺季的產品 ③研發新產品
2	銷售旺季	①注意產供銷三方協調，同時保持適當的庫存 ②通過增加產能(加班、增加入力、設備等)等方法，增加產品產量 ③外包生產

2. 產品生命週期原則

產品生命週期分為導入期、成長期、成熟期和衰退期 4 個階段。每個階段遵循的備貨原則各不相同，如表 3-18 所示。

表 3-18　不同生產週期的備貨原則

序號	階段	備貨原則
1	產品導入期	通過各種手段將產品推向市場，建立知名度，少量備貨即可
2	產品成長期	集中人力、物力和財力，迅速增加生產批量，提高產品品質，開發新功能，適當增加備貨量
3	產品成熟期	通過各種方法刺激銷售，同時保持適當庫存，增加備貨量
4	產品衰退期	採取維持現狀或減少備貨的方式，並逐步撤出市場

3. 產品走勢與生產備貨原則

調整產品走勢與生產備貨應遵循以下三個原則。

(1)均衡原則

無論市場需求怎樣變化，產品生產任務量都應保持均衡和穩定。

(2)跟蹤原則

產品生產任務量應隨市場需求而變化，完全依照產品的市場需求制訂生產計劃，如圖 3-7 所示。

圖 3-7　產品走勢與生產備貨的跟蹤原則

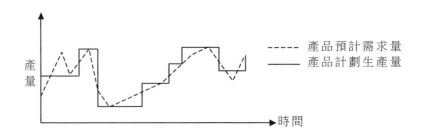

⑶供求平衡原則

通過相關措施影響產品需求，維持供求平衡。市場需求處於低谷時，採用降價等手段拉動需求；市場需求處於高峰時，通過調整價格平衡需求，如圖 3-8 所示。

圖 3-8　產品走勢與生產備貨的供求平衡原則

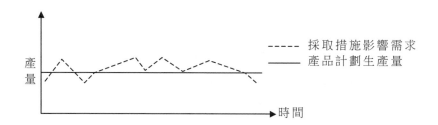

第二節　訂單排序與計劃管理

一、訂單排序的優先原則

1. 交期先後原則。交期短、時間緊的訂單優先安排。

2. 客戶分類原則。重點客戶的訂單優先安排。

3. 產能平衡原則。半成品和成品生產線的生產速度相同，不會產生停工待料的訂單優先安排。

4. 技術流程原則。對技術複雜的產品應重點關注，優先安排。

進行訂單排序時，應充分考慮相關因素，如表 3-19 所示。

表 3-19 進行訂單排序時應考慮的相關因素

序號	因素	說明
1	生產部因素	各工廠、班、組及機器設備的能力
2	時間因素	包括產品設計、物料採購及運輸、物料檢驗、產品生產和成品出貨的時間

二、訂單排序的 ABC 原則

1.訂單排序的 ABC 原則的步驟

ABC 分析法分為 5 個步驟，如圖 3-9 所示。

圖 3-9 ABC 分析法的步驟

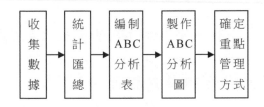

2.訂單排序的 ABC 原則的應用

利用利潤順序法確定產品的重要性，即按產品的品種，計算銷量和利潤，排出訂單順序。例如，某公司按訂單要求需生產 A、B、C、D、E 五種產品，利用利潤順序法對訂單可進行如下安排。

(1)收集數據，統計匯總，並編制 ABC 分類表，將產品銷售量與利潤數據進行排序，如表 3-20 所示。

表 3-20　產品銷售量與利潤排序（ABC 表）

序號	產品	A	B	C	D	E
1	銷售量	1	2	3	4	5
2	利　潤	2	3	1	5	4
3	備　註					

(2)明確產品銷售量與利潤的關係，如圖 3-10 所示。

圖 3-10 中，處於右上角的產品應優先安排生產，如 D、E 產品；處於左下角的產品應綜合考慮各種因素後再安排生產，如 A、C產品。

圖 3-10　銷售量與利潤的關係分析

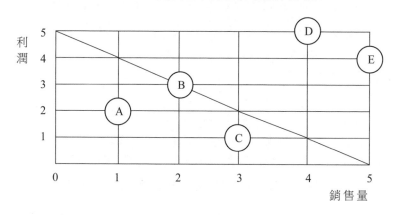

三、生產訂單計劃的產能平衡原則

制訂合理的生產訂單計劃，需遵循產能平衡原則。

1. 產能分析的內容

⑴生產何種產品以及該產品的製造流程。

⑵機器負荷能力。

⑶人員負荷能力。

⑷材料準備的前置時間。

⑸生產線及倉庫所佔面積的大小。

2. 產能負荷分析的重點

以下為某公司進行人力負荷分析與機器負荷分析的步驟。

人力負荷分析的步驟，如圖 3-11 所示。

圖 3-11　人力負荷分析的步驟

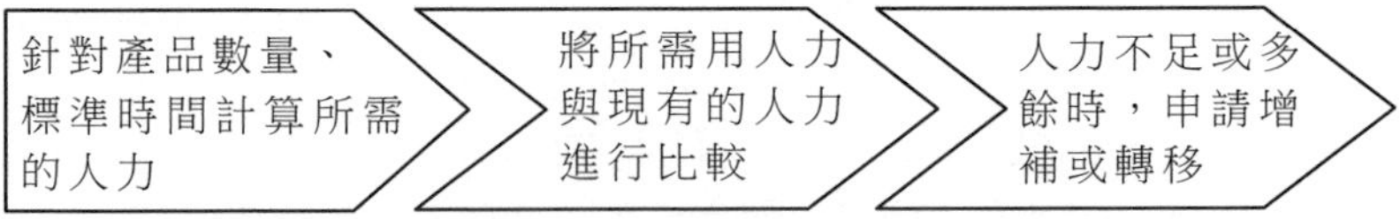

| 針對產品數量、標準時間計算所需的人力 | 將所需用人力與現有的人力進行比較 | 人力不足或多餘時，申請增補或轉移 |

機器負荷分析與調整機器負荷分析的步驟，如圖 3-12 所示。

圖 3-12　機器負荷分析的步驟

| 對機器設備進行分類 | 計算各種機器的產能負荷 | 計算生產計劃期間和每種機器的每日應生產數 | 比較現有機器設備的生產負荷和產能調整 | 進行機器設備的增補 |

①計算生產計劃期間和每種機器的每日應生產數

計算公式：

每日應生產數＝每種機器設備的總計劃生產數÷計劃生產天數

②比較現有機器設備生產負荷和產能調整

· 每日應生產數小於此種機器總產能，生產計劃可執行。

· 每日應生產數大於此種機器總產能，需進行產能調整（加班、增補機器或外協等）。

3.產能負荷分析的應用

產能負荷分析的結果，如表 3-21 所示。

表 3-21　產能負荷分析的結果

序號	項目	狀態 1	狀態 2	狀態 3
1	分析	產能＞負荷	產能＜負荷	產能＝負荷
2	能力狀態	能力富餘	能力不足	剛好
3	狀況	淡季	旺季	平時
4	對策	接單	產品外包、加班	維持、改善

從表 3-21 可以看出，實現產能平衡的方法如下。

(1)產能不足時

①加班。

②增加人員或設備。

③外包。

④變更生產計劃或洽商延期交貨。

⑤取消訂單。

⑵產能富餘時

①提前預定作業投入生產。

②另外安排新工作。

③從事機械保養、環境整理、在職訓練。

四、生產週期與技術流程原則

訂單排序過程中，需充分考慮生產週期與技術流程原則，協調企業的整體生產情況，提高生產效率。

1. 生產週期

生產週期劃分為生產準備期和生產實施期兩部份。

⑴生產準備期

生產準備期的構成，如表 3-22 所示。

表 3-22　生產準備期的構成

序號	構成	說明
1	材料準備期	指從供應商下訂單開始到首次交貨為止的這段時間
2	機器設備準備期	指從申請購買日到完成安裝、調試、交付使用為止的這段時間
3	工具/夾具準備期	指從設計籌劃到全部完成為止的這段時間
4	技術準備期	指完成作業指導書、樣板、標準等事項所需要的時間

假設以上過程是同時開始的，則以進展速度最慢的一個過程所需的時間代表整體的生產準備期。若非同步開始，則以最後一個完

成的過程的期限代表整體生產準備期。

(2)生產實施期

廣義的生產實施期包括從開始生產到完成全部產品的整個時間，狹義生產實施期僅指從生產投入開始到產出第一件合格產品為止的這一段時間。在現場生產管理中，比較注重狹義的生產實施期，其計算方法如圖 3-13 所示。

圖 3-13　生產實施期的計算方法

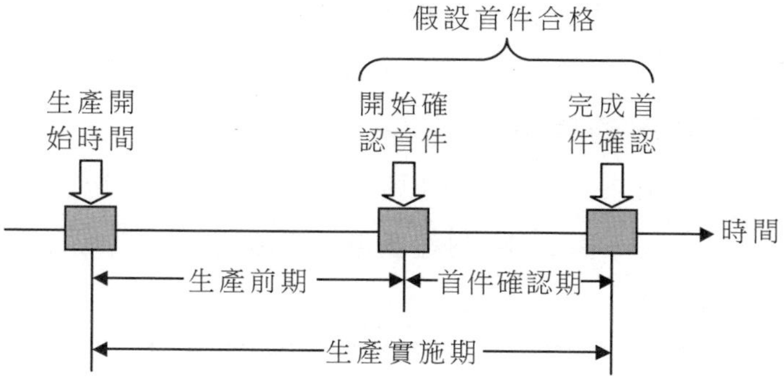

2. 制訂技術流程的原則

(1)同步原則。產品的零件大方向以產品為單位，小方向以產品的包裝件數為單位，應控制各零件儘量同步，或在盡可能小的誤差內到達包裝工序，避免出現等件現象。

(2)順流原則。中心內容是技術流程表裏的工序排列，難點是如何解決各零件生產工序的交叉作業與同步到達的矛盾。

(3)充分性原則。每道工序應避免自身的浪費，相應的技術文件要全面，同時要結合工時進行控制。

(4)品質原則。任何工序在提高效率時都不能以犧牲產品品質為代價，只有在保證品質的前提下，才能獲得最大化的量產。

⑸漸進原則。好的技術流程設計只是下一個更好的、更優秀的流程設計的開始,技術設計應在實踐中不斷改進和完善。

五、生產計劃的日程基準表

1.日程基準的概念

日程基準是為使作業能按預定日完成,應在何時開工、何時完工的一種標準,也就是自訂貨至加工,到最終成品形成為止所需的工作天數。

2.日程基準的構成

日程基準的構成,如圖 3-14 所示。

圖 3-14 日程基準的構成

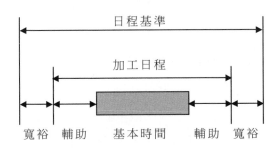

其中,日程基準時間包括以下 5 項內容。

⑴產品設計時間。

⑵自接收訂單到物料分析所需的時間。

⑶購買材料所需時間。

⑷物料運輸所需時間。

⑸生產所需時間。

3. 日程基準表的計算

例如，某公司業務員 8 月 1 日接單，要求出貨日期為 9 月 15 日，總天數為 45 天。

假設是新產品，日程基準表內應增加產品設計時間，如表 3-23 所示。

表 3-23　日程基準表

序號	作業日期	8/28	8/30	9/1	9/4	9/7	9/8
1	所需天數	(2 天)	(2 天)	(3 天)	(3 天)	(1 天)	
2	制程	設計	採購	加工	裝配	檢驗試車	
3	次序號	<5>	<4>	<3>	<2>	<1>	<0>
4	基準日程	11 天前	9 天前	7 天前	4 天前	1 天前	基準日

開始日　　　　　　　　　　　　　　　　　　　　　　　完工日

假設該產品為原有產品，無需重新設計。

⑴接到訂單後，物料分析及採購購備時間為 3～10 天(訂單訂購)。

⑵物料運輸時間為 5 天。

⑶物料檢驗時間為 2 天。

⑷物料寬裕時間為 3 天(可有可無)。

⑸生產時間為 20 天。

⑹成品檢驗時間為 1～3 天。

⑺成品入庫到出貨時間為 2 天。

分析以上數據可知，從訂購日到投產所需時間為 17～20 天(物料分析、採購及檢驗)，從投產到出貨(生產週期、產品檢驗、入庫、

出貨)所需時間為 23～25 天。則該訂單生產計劃日程基準表，如圖
3-15 所示。

圖 3-15　公司的訂單日程基準表

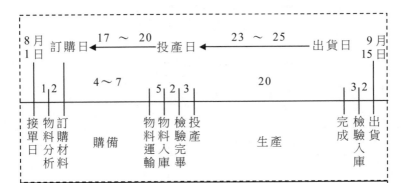

說明：
1.日程基準表適合於所有訂單，但對於一些大訂單或重要訂
　單，更應嚴格按日程基準執行。
2.如果生產週期長，所採購物料的體積龐大，可要求供應商分
　批送貨。
3.日程基準表的作用
⑴使生產各環節目標明確。
⑵使生產各環節節奏一致，減少積壓和短缺，保證按時出貨。

第三節　訂單作業的執行準備

一、訂單作業的生產組織說明

1. 訂單作業的組織關係

圖 3-16　訂單作業的組織關係

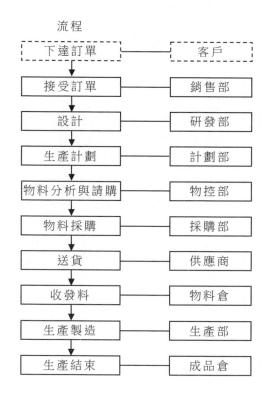

流程

流程		部門
下達訂單	—	客戶
接受訂單	—	銷售部
設計	—	研發部
生產計劃	—	計劃部
物料分析與請購	—	物控部
物料採購	—	採購部
送貨	—	供應商
收發料	—	物料倉
生產製造	—	生產部
生產結束	—	成品倉

2.各部門的職責

訂單作業中各部門的職責,如表 3-24 所示。

表 3-24　訂單作業中各部門的職責

序號	部門	崗位職責
1	銷售部	負責開發客戶,爭取訂單;與客戶溝通,接收訂單,並初步進行訂單評審;與生產部進行溝通和協調,制訂銷售計劃,並為生產計劃的制訂提供依據
2	研發部	依據客戶需要,研發、設計新產品樣品,並編制生產技術文件
3	計劃部	制訂合理的年、季和月銷貨計劃,並根據產能負荷分析資料,調整銷售計劃;制訂合理的生產計劃,對訂單的起伏、生產計劃的變更做準備,並預留備份程序;準確地控制生產進度,對物控人員進行督促,以便平衡、調整工廠生產計劃;協調相關生產執行部門的關係,及時妥善處理出現的異常情況
4	物控部	通過對供應商送貨計劃和實際交貨數量、品質及交貨期進行控制,確保生產計劃的相關指標得以實現;根據物料需求計劃(MRP)與實際可用庫存及提前期,制訂供應商送貨計劃;配合相關人員進行進料跟催;配合生產、工程、品質、倉庫、採購等相關人員,解決物料異常問題,並及時做出調整
5	採購部	按照適時、適質、適量、適價和適地原則,採購所需物料
6	物料倉	根據訂購單收發物料,定期進行盤點;依據領料單或備料單配備和發放生產所需物料,做到不超發、不少發
7	生產部	按照生產流程和生產計劃,組織生產訂單產品;做好生產現場的管理,品管部嚴格按照檢驗流程,進行生產過程檢驗,保證產品品質和交貨期
8	成品倉	依據入庫單檢驗、接收成品;依據發貨單,準備客戶所需產品並發貨

二、計算生產工時和生產能力

1. 生產工時和生產能力

(1)生產工時

生產工時指完成訂單生產實際所用的工作時間，即生產某產品所耗費的實際工時。

(2)生產能力

生產能力指企業的固定資產和生產設施，在一定的時期內，如年、季、月，在先進合理的生產技術組織條件下，經過綜合平衡，所能生產一定種類產品的最大數量。

企業的生產能力可以分為設計產能、計劃產能和有效產能，如表 3-25 所示。

表 3-25　生產能力的分類

序號	分類	概念
1	設計產能	指在理想狀況下所能達到的最大產出，又稱理想產能
2	計劃產能	是指考慮產品組合、日程安排所面臨的困難、機器維護及品質等因素之後的最大的可能產出量
3	有效產能	指生產單位實際達成的產出量

2. 生產工時和生產能力的計算方法

下面以機械製造為例，說明生產工時和生產能力的計算方法。

(1)設計產能之計算

假定所有機器每週工作 7 天，每天工作 3 班，每班 8 小時且沒

有任何停機時間,這是生產設備在理想狀態下的最高生產潛力。

一週設計能力的計算,如表 3-26 所示。

表 3-26 一週設計產能的計算

序號	部門	可用機器數	人員編制	總人數	可用天數	每天班數	每班時數	設計產能標準直接工時
1	車床	10	1	10	7	3	8	1680
2	銑床	8	1	8	7	3	8	1344
3	磨床	12	1	12	7	3	8	2016
4	裝配	2	3	6	7	3	8	1008

以車床為例,假設有 10 台可用機床,每台機床配置一名車工,總人數為 10 人。按每週工作 7 天,每天工作 3 班,每班 8 小時計,則一週設計能力標準生產工時為:$10 \times 7 \times 3 \times 8 = 1680$ 工時。

⑵計劃產能之計算

計劃產能的計算是基於每週的工作天數、每台機器排定的班數和每班的工作時數,對設計產能的進一步修正,但還不足以代表實際產能。

一週計劃產能的計算方法,如表 3-27 所示。

表 3-27 一週計劃產能的計算

序號	部門	可用機器數	人員編制	總人數	可用天數	每天班數	每班時數	設計產能標準直接工時
1	車床	10	1	10	5	2	10	1000
2	銑床	8	1	8	5	2	10	800
3	磨床	12	1	12	5	2	10	1200
4	裝配	2	3	6	5	2	10	600

機器每週計劃開機 5 天，每天 2 班，每班 10 小時，因此，車床計劃產能的標準工時為 $10 \times 5 \times 2 \times 10 = 1000$ 工時。

⑶有效產能之計算

有效產能是以計劃產能為基礎，減去因停機和不良率所造成的標準工時損失。不良率損失包括可避免和不可避免的報廢品的直接工時。一週有效產能計算，如表 3-28 所示。

表 3-28　一週有效產能的計算

序號	部門	計劃標準工時	工作時間目標百分比	合格率	有效產能標準直接工時
1	車床	1000	80%	90%	720
2	銑床	800	95%	80%	608
3	磨床	1200	85%	90%	918
4	裝配	600	90%	85%	459

實際生產過程中工作時間達不到計劃時間，且生產的產品有不良品。因此，車床有效產能標準直接工時為：$1000 \times 80\% \times 90\% = 720$ 工時。

三、生產數據的統計與分析

生產數據的即時統計與分析，是進行作業監督與控制的重要手段。生產數據統計內容包括產量、投入的資源、產品合格率、不良率、直通率、生產性等。

1. 生產數據統計的要求及原則

(1)生產數據統計的要求

①由專門人員在規定時間內完成。

②將數據輸入到規定的表格內，並以書面形式報送。

③按規定的時間和要求向上級報告。

(2)生產數據統計的原則

①確保統計數據的真實性。

②即使生產過程中沒有數據產生，也應按規定報告。

2. 生產數據統計分析的分類職責

生產數據統計分析的職責隨企業性質、生產方式、產品類別等的不同而不同，如表 3-29 所示。

3. 生產數據統計的表現形式

生產數據通過各種統計報表表現出來，例如，生產進度統計表、材料耗用統計表等，分別如表 3-30 和表 3-31 所示。

表 3-29 生產數據統計分析的分類職責

序號	區分	負責人員	統計頻率	報告上級	統計方式
1	組別產量	組長	每 2 小時	工廠	記錄表
2	線別產量	線長	每班	工廠	生產日報
3	工廠產量	辦事員	每班	課別	生產日報
4	課別產量	辦事員	每日	生產部	生產日報
5	部門產量	辦事員	每日	生管辦	生產日報
6	總產量	統計員	每日	總經理	稼動日報
7	直通率	線長	每日	課別	品管表
8	不良率	線長	每日	課別	品管表
9	合格率	線長	每日	課別	品管表
10	生產事故	工廠主任	即時	生產部	生產日報
11	生產盤點	線長	每週	課別	盤點表
12	生產工具	組長	每班	工廠	工具單
13	不良材料	物料員	每班	物控科	材料單
14	作業效率	線長	每日	課別	效率報告
15	生產性	線長	每日	課別	效率報告
16	出勤人數	組長	每班	行政部	考勤表
17	違紀人數	組長	每班	行政部	考勤表
18	人員變動	組長	每班	課別	生產日報

表 3-30　生產進度統計表（週統計表）

編號：_____　　　　　　日期：_____

序號	作業名稱	工作項目	負責人	預定本週完成進度	實際完成狀況	落後	超前

主管：_____　　　組長：_____　　　製表：_____

表 3-31　材料耗用統計表

編號：_____　　　　　日期：_____

序號	成品名稱	生產數量	單位	材料					單位成品平均用量及金額	
				規格	數量	單價	單位	金額	數量	金額

四、改善生產瓶頸

　　通過統計與分析生產數據，可以瞭解作業進度，發現生產流程中的問題，及時解決生產作業瓶頸，確保生產作業順利進行。

1. 常見的生產瓶頸

⑴生產進度瓶頸

　　生產進度瓶頸，是指在整個生產過程或各工序中進度最慢的環節。進度瓶頸是生產進度的最大障礙，它破壞了整體工序的平衡，並造成了堵塞。

　　①如果瓶頸工序與其他工序在產品生產過程中是先後關係，那麼將會影響後續工序的進度，如圖 3-17 所示。

圖 3-17　瓶頸工序對後續工序的影響

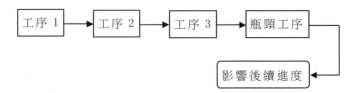

②如果瓶頸工序與其他工序在產品生產過程中的地位是平行的，那麼瓶頸問題就會影響生產的進度，如圖 3-18 所示。

圖 3-18　瓶頸工序對生產作業進度的影響

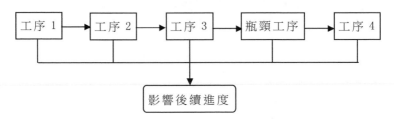

發現生產瓶頸的方法包括現場巡視、聽取彙報、查看統計報表以及來自下一工序的投訴等。

⑵材料供應瓶頸

材料供應瓶頸會影響產品某一零件的生產、安裝與配套，並影響產品的總體進度，這主要看瓶頸材料在全部材料中所處的地位。

⑶人力資源瓶頸

即生產線某個工序或崗位上的人員，特別是技術人員的不足。

⑷技術與品質問題瓶頸

即技術問題或難以解決的品質問題。

2.改善生產瓶頸的方法

表 3-32　改善生產瓶頸的方法

序號	瓶頸	具體方法
1	生產進度瓶頸	①確定進度瓶頸所處的位置 ②分析該瓶頸對整體進度的影響 ③確定該瓶頸對進度的影響程度(包括對某一進程的實際影響程度) ④找出產生瓶頸的因素，並逐個進行深入分析 ⑤組織召開相關會議，對每一個因素進行分析，研究解決的具體辦法，並明確責任人和完成限期 ⑥由相關人員實施與跟蹤 ⑦對改進後的整體生產線進行評估，發現問題隨時解決
2	材料供應瓶頸	①確定造成瓶頸問題的材料，並分析影響的程度 ②對材料進行歸類，並對該種材料的供應廠家及供應狀況進行調查 ③與供應商進行溝通、協調，盡力確保交貨期 ④尋找其他供應商，建立可靠的供應網路 ⑤研究替代品 ⑥對於難找到的或品質難以保證的材料，可採取由客戶提供的辦法
3	人力資源瓶頸	①找到技術力量不足的工序或部門 ②分析所造成的影響 ③確定人員的定編數量 ④進行人員招聘 ⑤進行人員培訓 ⑥進行人力儲備
4	技術瓶頸	①找到技術瓶頸的關鍵部位 ②組織相關人員研究討論，確定解決方案 ③進行方案實驗或批量試製 ④對成熟的技術方案建立技術規範，制定品質操作指導書

第四節　（案例）企業生產計劃的管理制度

第 1 章　生產計劃實施辦法

第一條　計劃科制定計劃時，要考慮生產狀態，以過去數年中的實績作為標準，制定年度計劃預定表，並把此表送交營業科。

第二條　計劃處每月前要制定出月計劃表交送營業部。

第三條　營業科要通過各工廠送來的計劃預定表瞭解市場情況，制訂出下月乃至下下月的生產進度表返回到各工廠。

第四條　工廠要根據營業部下達的生產進度表，計算自己當月的生產預定量，並把此表上交給營業科。

第五條　在工廠的最後一道工序，要匯總每天的生產數量，然後入庫；並在最後工序的入庫賬上進行登記，根據入庫量計數，算出與進度計劃相對照的超過或不足的數量；再以此數據記入工廠日報，送交營業科。

計劃科要根據超過或不足數量，計算第二天的機器使用情況，如需對原先的計劃作出變更，要得到主管處長及廠長的同意，並通知運輸部門、工程及工廠試驗部門，採取適當的措施。也就是說，根據製造進度表，決定製造預定計劃後，工程製造部門要計算出各部門每天必須生產製造的數量，對各部門實施中出現的超過計劃或不足計劃數值的情況，要通知承擔任務的部長採取恰當措施。另外，對各部門每天的在製品要進行試驗性檢查，以保證產品的品質。在最後一道工序，要進行產品品質的各項檢查，確定產品的品

質等級。

第六條　每月中旬要對當月的在製品進行盤存。在進行系統地調查當月生產狀況的同時，要算出工廠的生產效率、實績與計劃的差異，而後制訂出作業方針。

第七條　如果由於發生事故而減少生產，會造成預定產量的不足，此不足須填入營業科的有關圖表中。

營業科要根據市場行情，把可以推到第二個月去的生產任務移至第二個月。

第八條　產品若可能延期，則要考慮其損失的大小以及其他替代產品的替代問題。

第九條　計劃科在對要求試驗的產品和部門進行調度時，要考慮營業科提出的有關數量、成本等方面的要求。

第十條　因此，營業科要考慮計劃科的要求，在半月或一月前向計劃處提交生產進度表。

第十一條　根據計劃科長的指示，計劃科要以工程主任及調查處聯合會議上提出的希望條件為標準，根據實際情況，決定那些機器開動，那些機器暫停，然後算出這一時間預估的產量。

第 2 章　一般日程計劃

第十二條　製造期限的指定

企劃科要經常備有《標準完工工程表》、《製造處作業能力表》等表格，在考慮預定的加工傳票及訂貨傳票有關工程結束期限的要求和物資進貨日期的基礎上，確定結束設計及結束工程的時間，並把這個期限記入《製造指令》中。

第十三條　每月製造實施計劃

　　企劃科要每月召開一次與製造加工有關處室的聯合會議,以季製造預算為基準,考慮營業科的要求,制訂目標與預算。

　　採購物資　按照一季中不同品種產品加工製造所需而進行,具體分解到月。

　　接受訂貨　按照一季實有時間(全部工作時間減去為完成以前的訂貨任務必須佔用的時間)安排,具體分解到月。

　　第十四條　完成報告

　　1.在產品加工製造結束並作為成品進入成品庫後,就要辦理規定的手續,手續完成後,即要填寫完成報告。

　　2.企劃科要每月匯總各工廠、工廠的完成報告書,並寫成綜合的完成報告書,向有關的處室分發通報。

第3章　中間日程計劃

　　第十五條　中間日程計劃界定

　　1.中間日程計劃是以每月製造實行計劃為基礎的不同部門、不同零件的工程計劃。它是日程管理的基準。

　　2.中間日程計劃以基準勞動日程表、作業能力表、標準勞動時間表的基準為基礎制訂。對偶發性事故要進行調查,作出處理。

　　第十六條　基準日程表

　　1.意義

　　所謂基準日程,是指以標準作業方法和以正常的工作強度進行操作。為完成某一項工程所需的時間。在機械加工廠,由於加工工序很多,基準日程也就是表現為從一道工序到下一道工序,或從這一工廠到下一工廠的時間。

　　2.設定內容

基準日程表因產品、型號、馬力等等的不同具體內容也有所不同。通常需要設定以下的內容：

(1)製造過程所需開動的機器台數。

(2)材料的下料時間。

(3)主要工程的開始與完成的時間。

(4)試驗的時間。

(5)完成與入庫的時間。

第十七條　能力調查表

能力調查表主要為瞭解工廠中勞力的情況而製作。通過算出不同職業工種、不同工程部門保有的勞力，算出根據生產計劃所需要的勞力，進而算出勞力的供需狀況；並據此編制中間日程，進行人員配置。

保有勞力＝(1－無效作業率)×作業效率×工作天數

　　　　　　　×出勤率×有效人員

說明：

1.單個勞力為 1 天 8 小時的勞動時間，以 P 代之。

2.作業效率＝AP÷A(實際勞動時間)

3.出勤率＝出勤人數÷(出勤人數＋缺勤人數)

出勤天數為除掉休息日後的預定出勤天數。有效人員為扣除長期缺勤者、預定調走者以外的實有作業人員。

4.無效作業率＝無效作業時間÷作業時間

無效作業時間是直接動員、間接動員、不良作業、修正作業、組織活動等所需時間的總和，其中實際完成為那些項目，根據過去的實績而定。

5.所需勞力的計算

在每月實行計劃時，按下面的公式計算所需的勞力：

所需勞力＝生產計劃台數×P÷480（分鐘）

（註：480 為一個勞力一天工作的時間，即 8 小時。）

第十八條　標準作業時間表

標準作業時間是不同零件、不同作業的標準作業時間，它以所需勞力計算為基礎。

第十九條　每月實行計劃

每月實行計劃以在製造部門聯合會議所定的製造計劃為基礎而制訂，制定每月製造預定表後，要向各有關部門下達。

第二十條　期限

1.本廠作業的日程

中間日程計劃的期限根據進度表而定。進度表根據基準日程表、能力調查表而制訂。工程期限要向材料、零件、焊接、組裝等各作業部門下達。

2.訂貨日程

按照能力調查表，製作訂貨卡片，按卡片所填的日程執行。

第 4 章　生產分配規定

第二十一條　材料零件的數量確定

1.倉庫常備物資、零件的數量

倉庫常備物資、零件，要根據下面的資料確定所需的數量。

⑴每月製造實行計劃表

⑵庫存餘額表

⑶其他

2.本廠半成品生產所需物資

第二十二條　本廠半成品生產所需物資按照以下資料確定所需數量。

(1)半成品餘額表

(2)每月製造實行計劃表

(3)庫存餘額表

(4)其他

第二十三條　零件半成品

零件半成品的管理按零件半成品管理規定辦理。

本廠自製零件的訂貨

1.訂貨分配表

自己製造的半成品零件，要以每月製造實行計劃表、每月現貨庫存餘額、半成品、訂貨餘額的調查為基礎，制訂訂貨分配表，並以此確定每月的訂貨數量。

2.訂貨基準表

訂貨基準表是規定各種零件的訂貨時間必須先於工程進行時間的一種標準。由於訂貨到進貨有一個間隔時間，不能臨時訂馬上用。但如果訂貨時間太早，又會佔用倉庫面積，佔用資金。訂貨標準表是為了解決這個矛盾而制訂的。

3.訂貨單的製作和發送

在廠內生產半成品零件時，要根據訂貨分配表及訂貨時間基準表，決定訂貨數量以及到貨日期，並把各必要的事項記入所定的訂貨單中，作好訂貨安排。

第二十四條　傳票發行

1.作業傳票發行

⑴輪班作業時，要根據各班的特點，發出相應的作業傳票。

⑵綜合管理作業的傳票。

綜合管理作業要在綜合管理表上記入每天作業的實績，在截止時間發出不同級別、不同工程的作業傳票。

第 5 章　生產調查規定

第二十五條　調查

調查每天作業量、生產進度的遲緩時間，分析工程上的資料，整理成適合統計管理要求的基礎性資料。

每天作業量實績調查根據作業傳票掌握每天各級的作業量，調查作業的進度。

為了管理作業成績，需要每月計算與勞動時間相對應的作業實績，通報各有關部門。

第二十六條　每天半成品調查

每天調查作業過程中的半成品，並把控制半成品、掌握進度、對遲緩採取的對策的資料合在一起，作為半成品餘額報告的原始資料。

第二十七條　成本資料的製作

每到 20 日截止，製作以下的成本計算資料。

1.綜合半成品餘額報告書

綜合管理機種的半成品評價，要以下列資料來製作半成品餘額報告書：

⑴工程管理表。

⑵半成品餘額調查表。

2.零件進出餘額月報

綜合管理機種的材料、零件的進出餘額表要按以下資料製作：

(1)材料進行卡。

(2)現貨卡。

3.其餘材料進出餘額報告

關於月內使用的其他材料，要按以下資料製成進出餘額報告書：

(1)其餘材料進出表。

(2)現貨卡。

第二十八條　統計的製作

製作工程管理上必要的各種統計有固定格式，包括：

1.資產量統計；

2.不良產品統計；

3.作業實績統計；

4.有關材料統計；

5.外購材料統計；

6.半成品餘額統計；

7.生產延期統計；

8.有關生產的其他統計。

第 *4* 章

生產訂單的實際作業管理

　　生產訂單作業管理的內容，首先是訂單作業的進度管理，第二步是訂單作業的產能管理，要求做到訂單作業的換型換線管理，整個訂單作業的品質管理。

第一節　訂單作業的進度管理

　　訂單作業的進度管理是訂單作業管理的核心內容，目的在於確保交期與提高生產效率。

一、根據生產訂單平衡生產進度

　　根據訂單平衡生產進度的基本流程，如圖 4-1 所示。

圖 4-1 根據訂單平衡生產進度的基本流程

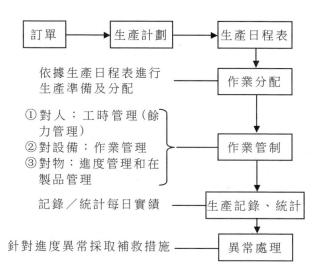

在訂單型生產企業中還應注意，當訂單變更時，生產進度應相應的進行調整，訂單變更時的進度調整流程，如圖 4-2 所示。

圖 4-2　訂單變更時的進度調整流程

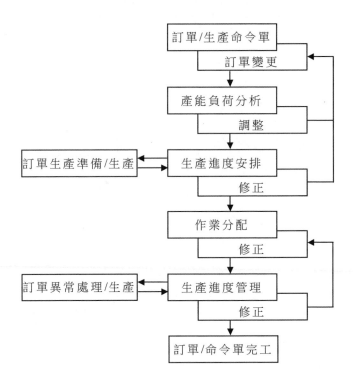

二、跨部門生產進度控制的步驟

跨部門生產進度控制的步驟，如圖 4-3 所示。

圖 4-3　跨部門生產進度控制的步驟

1.銷售部
根據產能負荷資料，決定是否接收訂單，超出負荷需與生產部協商。銷售部接單後，生產計劃部與銷售部應共同制訂合理的銷售計劃

2.生產計劃部
根據銷售計劃，制訂出月、週生產計劃

3.物料部
根據生產計劃及庫存狀況，分析物料需求狀況，並提出採購計劃

4.採購部
根據採購計劃和採購單進行訂貨，並制定採購進貨進度表

5.物控部
物控人員和採購人員根據採購進度計劃及時進行跟催

6.品質部
質檢員按規程檢驗物料和產品，如有異常情況，應在規定的時間內處理完畢

7.倉儲部
生產前及時備料，遇有異常情況，應及時回饋給物控人

8.生產工廠
按生產計劃實施生產，控制產能，並將生產進度不斷回饋給計劃部

三、生產進度落後的跟催策略

生產進度落後，其根本原因是由於生產進度控制不力造成的。因此，跟催生產進度應從控制生產進度開始。

1.及時下達生產計劃

企業及時下達生產計劃的流程，如圖 4-4 所示。

圖 4-4　生產計劃下達流程

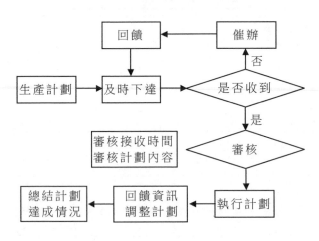

在下達生產計劃時，需先確定生產計劃的提前期，常見的生產計劃提前期，如表 4-1 所示。

表 4-1　常見的生產計劃提前期

序號	計劃類別	提前時間	備註
1	年生產計劃	2 個月	
2	季生產計劃	1.5 個月	
3	月生產計劃	1.5 個月	
4	週生產計劃	至少 1 週	一般需要兩週
5	日生產計劃	1 個工作日	
6	臨時生產計劃	0.5 個工作日	

2. 控制生產進度

控制生產進度的步驟，如圖 4-5 所示。

圖 4-5　生產進度控制的步驟

瞭解生產進度	通過生產日報表瞭解每天的成品數量及累計完成數量，以確定生產進度並加以控制
進行進度對比	將每日的實際生產數量與計劃生產數量加以比較，確定是否存在差異，也可以利用甘特圖等方法追蹤每日生產量
分析差異原因	若實際進度與計劃進度產生差異，應追究原因，並儘快採取措施進行補救
採取補救措施	採取補救措施後，應評估結果是否有效。若無效，應立即採取其他措施，直到解決為止
與客戶協商	補救無效導致交期延誤時，應儘快與客戶取得聯繫，爭取延遲交貨時間

3. 跟催生產進度的方法

跟催生產進度的方法包括現場觀察法、一日生產進度法、數字

記錄法、甘特圖法和曲線法。

(1)現場觀察法

在現場觀看作業狀況，核對生產進度，適用於訂單型生產。

(2)一日生產進度法

將每小時的實際產量與計劃產量進行比較，以掌握生產進度。適用於多品種、整批量的預估型生產或整批訂單型生產。一日生產進度法表，如表 4-2 所示。

表 4-2 一日生產進度法

生產單位：_____   生產日期：_____

序號	產品名稱	作業時間	計劃數	實際數	差異	備註
1		7：30～9：30				
2		9：30～10：30				
3		10：30～11：30				
4		11：30～12：30				
5		13：30～14：30				
6		14：30～15：30				
7		15：30～16：30				
8		16：30～17：30				

(3)甘特圖法

甘特圖法不僅能夠確實掌握生產進度狀況，還可以在發現進度落後時，查明原因。生產進度甘特圖，如圖 4-6 所示。

圖 4-6　生產進度甘特圖

生產單位：＿＿＿＿＿＿　　　　生產日期：＿＿＿＿＿＿

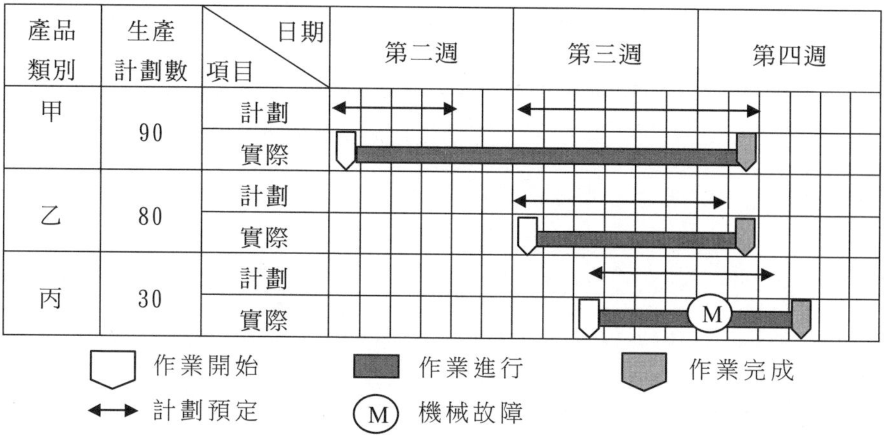

產品類別	生產計劃數	日期／項目	第二週	第三週	第四週
甲	90	計劃			
		實際			
乙	80	計劃			
		實際			
丙	30	計劃			
		實際			

▭ 作業開始　　▬ 作業進行　　▽ 作業完成
◄─► 計劃預定　　Ⓜ 機械故障

⑷數字記錄法

將實際產量與計劃產量記錄下來，並計算出兩者的差異，從而得出生產進度。

適用於所有生產方式，如表 4-3 所示。

表 4-3　數字記錄法

生產單位：＿＿＿＿＿＿　　　　生產日期：＿＿＿＿＿＿

序號	產品名稱	計劃數	日期／項目	9/1	9/2	9/3	9/4	9/5	9/6
1	A	600	計劃	100	100	100	100	100	100
			實際	95	110	100	98	100	102
2	B	800	計劃	130	130	140	140	130	130
			實際	126	135	136	145	128	133
3	C	500	計劃	90	90	70	70	90	90
			實際	89	92	75	76	88	87

⑸曲線法

以點表示每日實績，把各點連接起來即為實績線，然後將實績線與計劃預定線對比，超出預定線表示進度超前，反之，表示進度落後。適用於少品種多量的預估型生產，如圖 4-7 所示。

圖 4-7　生產進度曲線圖

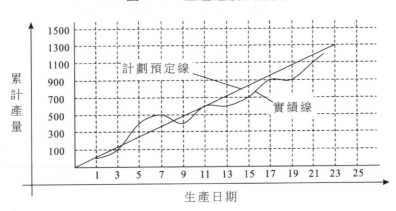

四、各部門改善措施

1. 銷售部的原因及改善措施

表 4-4　銷售部的改善措施

序號	項目	說明
1	原因	①頻繁變更訂單/計劃 ②隨意答應客戶的交期 ③市場需求預測不準確，無法訂立明確的銷售預定計劃 ④緊急插單或訂單多 ⑤銷售主管直接干涉生產運作，直接在現場指揮作業

續表

序號	項目	說明
2	改善措施	①定期召開產銷協調會議，促進產銷一體化 ②生產部定期編制訂貨餘額表、主要生產狀況表、餘力表及基準日程表，並提供給銷售部，以便於銷售部確定交貨日期 ③加強銷售部人員的培訓工作，提高其工作技能和業務能力 ④銷售部應編制 3～6 個月的需求預測表，為中期生產計劃提供參考 ⑤對客戶在中途提出訂單更改要求的，要有明確記錄，並讓客戶確認

2. 研發部的原因及改善措施

表 4-5　研發部的改善措施

序號	項目	說明
1	原因	①出圖計劃拖後，後續工作相應延遲 ②圖紙不齊全 ③突然更改設計方案 ④小量試製尚未完成，即開始批量投產
2	改善措施	①編制設計工作進度管理表，通過會議或日常督導進行控制 ②預先編制初期制程需要的圖紙和資料，以便先備料，防止制程延遲 ③儘量避免中途更改或修訂圖紙/資料 ④儘量使設計標準化，共用零件標準化、規格化，並減少設計的工作量 ⑤設計工作應合理分工，並做到職責明確

3.採購部的原因及改善措施

表 4-6　採購部改善措施

序號	項目	說明
1	原因	①材料/零件滯後入庫 ②材料品質不良 ③物料計劃不合理，需要的物料不夠，不需要的物料庫存過多 ④外協產品品質不良率比較高，且數量不足
2	改善措施	①進一步加強採購、外協管理工作 ②調查供應商、外協廠商不良品的發生狀況，確定重點管制廠家 ③對重點管理對象，採取具體有效的措施加以改善

4.生產部的原因及改善措施

表 4-7　生產部的改善措施

序號	項目	說明
1	原因	①工序、負荷計劃不完備 ②工序作業者和現場督導者之間產生對立或溝通不暢，降低了工作效率 ③工序間負荷與能力不平衡，造成半成品積壓 ④報告制度、日報系統不完善，無法掌握作業現場實際情況 ⑤人員管理不到位，紀律性差，缺勤率高 ⑥技術不成熟，不良率高 ⑦設備/工具管理不善，致使效率降低 ⑧作業人員組織、配置不合理 ⑨未按標準作業程序進行生產 ⑩不合格品太多
2	改善措施	①合理地進行作業配置，提高現場督導者的管理能力 ②確定外協/外包政策 ③提高產能(產量) ④延長工作時間 ⑤縮短生產週期 ⑥調整出貨計劃 ⑦加強崗位/工序作業的規範化，制定作業指導書，確保作業品質 ⑧培養多能工

五、產供銷失調的分析與處理

進行產供銷失調的分析與處理，首先需明確企業的產供銷流程，如圖 4-8 所示。

圖 4-8　訂貨型企業產銷流程

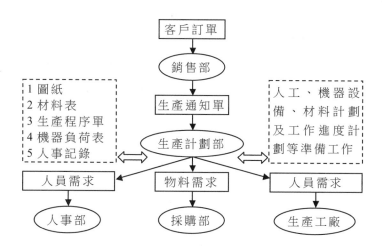

為解決產供銷失調問題，必須制定相應的對策。

(1)召開產銷協調會議

產銷協調會議由銷售部與生產部的相關人員共同參與，應解決以下工作內容。

①上一週產量報告。

②產量差異原因及分析報告。

③下一週生產預定活動狀況及協調事宜。

④業務動態報告及協調事項。

⑤協調決議案報告。

表 4-8　產供銷失調的原因分析

序號	項目	說明
1	症狀	①成品積壓，客戶天天催貨 ②計劃部頻頻改變出貨計劃 ③為趕進度，經常通宵加班 ④生產效率低下 ⑤產品品質達不到要求
2	原因分析	①銷售部沒有進行銷售預測，沒有制訂合理的銷售計劃。訂單評審不嚴格或沒有評審，沒有進行生產能力評審，出現大量超額度訂單 ②生產部產能分析不準確，計劃部的生產計劃與銷售部銷售計劃脫節 ③物料計劃與生產計劃不同步，物料供應不及時 ④生產設備保養不善，經常出現機器故障，導致經常維修而耽誤工時 ⑤產品品質不穩定，頻頻出現返工或返修 ⑥插單、緊急訂單以及臨時取消訂單現象過多，生產計劃頻繁變更

(2)協調生產計劃與出貨計劃

生產部要與銷售部協調，明確訂單數量，根據輕重緩急制訂生產計劃，以符合出貨計劃。具體來說，要做好以下工作。

①要以銷售計劃為基準制訂生產計劃。

②要隨時把握各種原材料的庫存數量。

③要不斷地確認生產進度，將生產實績與生產計劃進行比較。

④要對品質問題進行持續有效的改善和追蹤。

⑤要建立統一的計劃調度中心或組建強有力的跟單員隊伍。

⑥要加強生產人員技能培訓，提高生產效率和產品品質。

⑦生產部相關人員要認真使用相關表格，掌握進度資訊，包括產品產銷狀況預測分析表（見表 4-9）、產銷計劃表（見表 4-10）、產銷狀況控制表（見表 4-11）。

表 4-9　產品產銷狀況預測分析表

編號：＿＿＿＿＿＿＿＿＿＿　　　　　　　　日期：＿＿＿＿＿＿＿

序號	客戶名稱	產品品種	月預計			
			期末	期初	生產量	交貨量

表 4-10　產銷計劃表

編號：＿＿＿＿＿＿＿＿＿＿　　　　　　　　日期：＿＿＿＿＿＿＿

產品名稱		A		B		C		…	
產品規格及售價									
說明		數量	金額	數量	金額	數量	金額	數量	金額
年 月至 年 月	每　　年								
	旺季每月								
	淡季每月								
	設計產量								

表 4-11　產銷狀況控制表

編號：＿＿＿＿＿＿＿＿＿　　　　　　　日期：＿＿＿＿＿＿

起止日期		客戶名稱	產量	需要日期	生產負荷			預定日程	生產單位	更改記錄	生產記錄	完工
起	止				人數	工時	工作日數					

業務：＿＿＿＿＿　生產：＿＿＿＿＿　製表：＿＿＿＿＿　審核：＿＿＿＿＿

第二節　訂單作業的產能管理

一、標準工時測定與執行

　　標準工時是指在標準條件下，以一定的作業方法，由受過良好訓練的作業員以正常的速度，完成某項作業所需的時間。

1. 標準工時的構成

　　標準工時的構成，如圖 4-9 所示。

　　⑴正常工時。正常工時 ＝ 實測時間×評核係數。

　　其中：實測時間為新產品小批試製時，技術人員持碼錶在作業現場對每一工序作業時間進行實際測算的時間。需要注意的是，應

選擇生產較為順暢時進行測算，並連續測試 20 個以上的週期時間。

評核係數是技術人員根據觀測的作業人員工作熟練程度給出的評核係數，係數越大表示其熟練程度越高，如表 4-12 所示。

圖 4-9　標準工時的構成

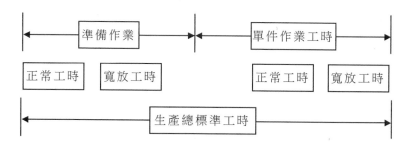

表 4-12　影響實際工時測定的因素

級別 \ 評比因素（評比係數）	熟練度		努力度		工作環境		一致性	
最佳	A1	+0.15	A1	+0.13	A	+0.06	A	+0.04
	A2	+0.13	A2	+0.12				
優	B1	+0.11	B1	+0.10	B	+0.04	B	+0.03
	B2	+0.08	B2	+0.06				
良	C1	+0.06	C1	+0.05	C	+0.02	C	+0.01
	C2	+0.03	C2	+0.02				
平均	D	0.00	D	0.00	D	0.00	D	0.00
可接受	E1	−0.05	E1	−0.04	E	−0.03	E	−0.02
	E2	−0.10	E2	−0.08				
欠佳	F1	−0.16	F1	−0.12	F	−0.07	F	−0.04
	F2	−0.22	F2	−0.17				

⑵寬放工時。指除正常工作時間之外必須停頓及休息的時間。計算公式為：寬放工時＝管理寬放時間＋生理寬放時間＋疲勞寬放時間。

其中：管理寬放時間＝實測時間×管理寬放率，管理寬放率一般取 3%～10%；

生理寬放時間：實測時間×生理寬放率，生理寬放率一般取5%～20%；

疲勞寬放時間：實測時間×疲勞寬放率，疲勞寬放率一般取2%～5%。

基於以上分析，標準工時＝實測時間×評核係數×(1＋寬放率)。

其中：寬放率＝寬放時間/實測時間×100%＝管理寬放率＋生理寬放率＋疲勞寬放率。

2.標準工時的測定

⑴正常工時。測定正常工時，應採取合適的方法在現場測定，結果即為實測工時。常見的測定方法，如表 4-13 所示。

表 4-13 正常工時的測定方法

序號	測定方法	具體方法	優缺點
1	直接觀察法	碼錶觀測法、錄影分析法和工作取樣法	優點：操作簡單，任何人都可以操作 缺點：難以與標準速度相比較，不能提前設定
2	合成法	既定時間標準法和標準時間資料法	優點：可信度、統一性、客觀性高，不需評價標準速度，可消除不必要的動作，在生產之前設定 缺點：需要培訓，設定時間長
3	實際法	實際統計法、人員比率法和經驗數據法	優點：時間短 缺點：缺乏可信度、客觀性和統一性容易包含不必要的時間

⑵寬放工時。寬放工時包括操作者個人事情引起的延遲、疲勞或無法避免的作業延遲等時間。寬放工時的種類及寬放率，如表4-14所示。

表 4-14　寬放工時的種類及寬放率

寬放工時的種類		寬放率	說明
不可避免的寬放	生理寬放	3%～5%(普通 3%)	上廁所、飲水等生理上所需要的寬放時間
	作業寬放	3%～5%(普通 3%)	更換不良工具、注油、清掃等不定期發生的且不可避免的寬放，但準備作業不包含在內
	疲勞寬放	特重作業 30%以上 重作業 20% 中作業 20% 輕作業 10%	分為生理疲勞和心理疲勞兩類。生理疲勞通過改善作業方法或設備等途徑克服；心理疲勞則比較抽象，衡量或減少起來較困難
可避免的寬放	管理寬放	3%～5%(普通 3%)	等待材料、等待搬運等的寬放，通過改善設備或管理加以避免

3. 標準工時測定步驟

標準工時測定步驟，如圖 4-10 所示。

圖 4-10 測定標準工時的步驟

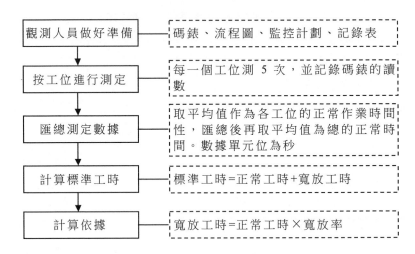

心得欄

4. 標準工時計算表

標準工時計算表的格式，如表 4-15 所示。

表 4-15　標準工時計算表的格式

產品：		生產狀態：	環境溫度：	標準編號：
規格：		測試時間：	濕度/天氣：	製作日期：
編號	工作 名稱	數據記錄 1#2#3#4#5#	平均值	極值 Min____　Max____
合計				
正常時間(分鐘)＝平均總時間(秒)/60				
規定的寬放率：				
寬放時間＝正常時間×寬放率				
標準時間＝正常時間＋寬放時間				
特別注意事項				
備註：				
測定人：		審核：	批准：	日期：

二、生產線的平衡與人力配置

通過對人力、機械設備和工作任務進行恰當分配，使整個生產線達到平衡狀態。

1. 生產線平衡的基本概念

與平衡生產線相關的概念，如表 4-16 所示。

表 4-16　與平衡生產線相關的 3 個概念

序號	3 個概念	說明
1	生產節拍	相鄰兩個產品通過生產線尾端的間隔時間
2	基本作業單元	生產線上不能再分解的動作
3	生產線效率	總有效時間與總付出時間的百分比，計算公式為：生產線效率＝總有效時間/(生產節拍×工位數)×100%

2. 生產線平衡的步驟

生產線平衡的步驟如下。

⑴用流程圖表示基本動作的先後關係。

⑵計算生產節拍。

⑶計算所需工位數。工位數＝完成作業所需的時間總量/生產節拍。

⑷向第一個工位分配基本作業單元，一次一項，逐項增加，直到完成作業的時間等於節拍，重覆該過程，直至分配結束。

⑸計算生產線效率，評價生產線平衡效果。

3. 生產線人力配置的原則

根據生產量變化，相應地增加或減少各條生產線、各個生產工廠的作業人數，儘量提高人員使用效率。

在「少人化」管理方法中，需進行獨特的設備佈置，以便集中需求減少時，減少各作業點的工作和削減人員。

　　另外,在進行生產線動作分配之前,首先計算瓶頸工序內作業人員的人均產量,如果負荷過重,就增加必要的操作人員,以便提高工序的平衡率。瓶頸工序內增加的操作人員,來源於其他工序合併或精簡多餘的操作人員。這樣,整條生產線的人員並沒有增加,只是將多餘的人員分配到更需要人員的地方,從而達到整條生產線的平衡,實現效率和效能的最大化。

三、控制生產節拍,提高生產效率

　　生產節拍又稱客戶需求週期、產距時間,是指在一定時間長度內,總有效生產時間與客戶需求數量的比值,是客戶需求單件產品的必要時間。

1. 生產節拍的組織方法

生產節拍的組織方法如下。

⑴進行工時查定,編制作業指導書和作業組合表。

⑵改變平面佈置和機床位置。

⑶改造工位器具,減少無效勞動,消除不必要的損失。

⑷只儲備必要的在製品。

2. 縮短生產節拍,平衡生產線,提高效率

縮短生產節拍,平衡生產線的關鍵是提高生產速度,保持操作人員的穩定性,如圖 4-11 所示。

圖 4-11　縮短生產節拍示意圖

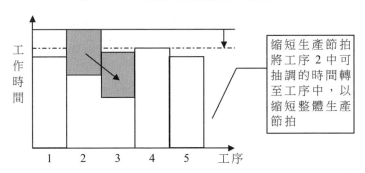

縮短生產節拍
將工序 2 中可
抽調的時間轉
至工序中,以
縮短整體生產
節拍

工作時間

1　2　3　4　5　工序

第三節　訂單作業的換型換線管理

一、快速換型的過程分析

快速換型應遵循以下四個原則:

· 使用換型車,減少領取物料和工具的時間。

· 按照快速換線的流程和職責,明確各項準備工作的負責人及
執行順序。

· 利用目視管理,使各項工作的執行和確認情況明示化。

· 規範物料和工具的擺放位置,並做出清楚的標識,使所有人
員都熟悉其擺放位置。

1.快速換型的流程及相關人員的職責

下面以更換生產線工具、治具的機組(JIG 機組)為例,說明快
速換型的流程及相關人員職責。

JIG 機組主要負責新機型的工具和 JIG 機裝運到生產線。JIC

機組快速換型的基本流程，如圖 4-12 所示。

圖 4-12 快速換型的基本流程

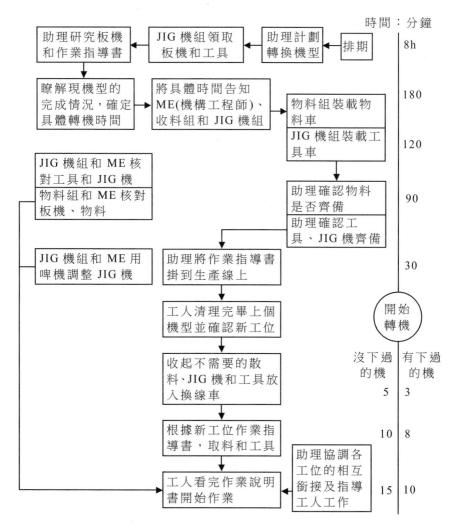

　　圖中上半部為轉機前時間,下半部為開始換型時間。所有步驟均按照右側的時間要求執行。快速換型過程中相關人員的職責和時間要求,如表 4-17 所示。

表 4-17　快速換型過程中人員的職責和時間要求

序號	相關人員	職責	時間要求
1	助理	計劃換線	前 1 天
		研究板機和作業指導書	前 1 天
		線內工作準備	晨會
		確定具體換型時間,並告知相關人員	前 3 小時
		確認物料及工具是否齊全	前 90 分鐘
		掛作業指導書	前 30 分鐘
		協調和指導	轉機過程
2	JIG 機組	領取板機、指引	前一天
		準備工具車	前 120 分鐘
		核對工具和 JIC 機	前 90 分鐘
		與技術人員調試 JIG 機	前 30 分鐘
		協助換型	轉機開始
3	物料組	準備物料車	前 120 分鐘
		核對物料和板機	前 90 分鐘
		協助換型	轉機開始
4	工人	清理完畢上個機型後立即確認新工位換型	轉機開始
5	ME (技術人員)	核對 JIG 機和物料	前 90 分鐘
		調試 JIC 機	前 30 分鐘
		協助換型	轉機開始
6	QC	計算時間,核對資料	轉機開始
7	組長、科員	協助換型	由轉機計劃開始

2.換型開始和結束

⑴ QC(品質控制人員)、技術人員、JIG 機組、物料組和管理人員必須到現場協助指導。

⑵工人不需要走出生產單元就可完成換型。

⑶對換線過程進行總結和記錄。

二、U 型生產線的佈置方式

在 U 型生產線形態下,每一位作業員都可操作多台機器。U 型生產線可縮減人力成本,並使生產線更具彈性,從而縮短作業員從上一節拍到下一節拍的走動距離。

1. U 型生產線的佈置方式

(1) U 型生產線的佈置原則

U 型生產線的生產投入點(Input,即材料的放置點)與成品取出點(Output)的位置應盡可能地靠近,稱之為「IO 一致」原則。當投入點與取出點接近時,可減少因「返回」而造成的時間浪費。

(2) U 型生產線的佈置方式

U 型佈置是柔性生產和精益生產中經常採用的一種方式,U 型生產線佈置示意圖,如圖 4-13 所示。

(3) U 型生產線佈置的特點

與直線型生產線佈置相比,U 型生產線具有以下特點。

①使生產線平衡成為可能。

②產品托板、工夾具等流回到起點,減少了搬送作業。

③一人可進行多項操作。

④不用安排專人進行輸送材料和收集成品的工作。

⑤物流路線更加順暢。

⑥人口與出口在同一位置。

⑦作業員的活動範圍可大可小。

圖 4-13　U 型生產線佈置示意圖

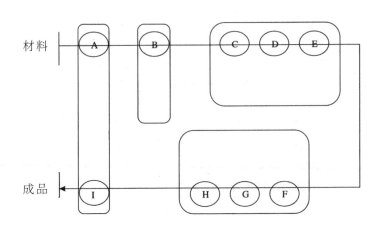

2. U 型生產線的實施要點

將設備排列成 U 型，不一定就是真正的 U 型生產線，還應注意以下要點。

⑴拋棄固有觀念，廢棄傳送帶

單元生產要求多工序合併，操作員互相之間協作，而高速傳送帶阻礙了這一目標的實現。

⑵由水平佈置變為垂直佈置

將原來依據不同的技術形成的水平佈置生產線，改變為以不同產品的加工順序形成的垂直式生產線佈置，如圖 4-14 所示。

圖 4-14　由水平佈置變為垂直佈置的示意圖

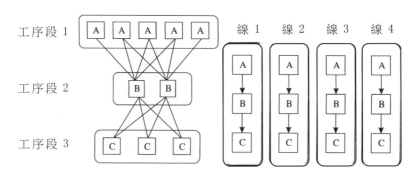

(3)工序流程

為使工序內容合理化，並縮小工序間隔，工序流程應呈逆時針方向運作。

(4)設定標準作業

將作業時間、作業順序、工序順序予以標準化。

(5)半成品

使各工序間的半成品的數量可在一定範圍內波動。

(6)安全生產

加強安全生產教育，特別是對於有時一個按鈕會啟動多種設備的情況，啟動前應提醒同一生產線的作業者注意安全。

(7)設備維修

作業員應定期進行生產設備的檢查和維修工作。

(8)培養多能工

為適應 U 型生產線，應培養多能工，以便更好地配置人力資源。

(9)制定步行模式

作業員在狹小的作業區內工作，相互間容易碰撞干擾，所以，

應事先製作步行路線圖。

⑩生產線

不同 U 型生產線,應採用整體通鋪化設置,以充分利用廠區空間。

三、降低換線時間的方法與程序

換線時間包括外部時間和內部時間兩部份。

⑴內部時間是指停機過程中仍應繼續進行作業所需要的時間(如取放工具)。

⑵外部時間是指機器仍在運轉過程中或是剛剛重啟動之後,進行作業所需要的時間(如第一次檢測)。

換線時間不宜過長,否則就會佔用大量的生產時間,導致生產效率低下,產生大量的庫存和浪費,並增加相關費用。

1. 降低換線時間的方法

表 4-18　SMED 法的步驟

序號	步驟	詳細說明
1	第一步	觀察當前的流程
2	第二步	區分內、外部要素
3	第三步	將內部作業轉以外部
4	第四步	減少內部工作
5	第五步	減少外部工作

當前,最流行的換線方法是「SMED」法,即「60 秒即時換線

法」，是一種快速和有效的切換方法。

　　SMED 法分為 5 個步驟，如表 4-18 所示。

　　此外，導入 SMED 法，還應做好以下幾個方面的工作。

　　⑴成立快速換線推行小組，制訂推行計劃和日程

　　快速換線小組成員由生產技術組長、裝配組長、裝配技術員、供料員、維修員、IE、PE、IPQC 等組成，小組組長可由 IE 擔任。換線小組每天召開一次換線會議，分析和檢討換線狀況，會議由小組組長主持，組員共同討論換線中發生的問題，並提出改善對策。

　　⑵選擇線別，測量並記錄換線時間

　　記錄所有動作，以便發現問題，必要時可通過錄影記錄活動。

　　⑶分析資料，擬訂改善對策

　　分析第　步收集到的數據，確定在停機前後有那些事情可以做，將內外部時間分開來，並對內部的活動進行嚴格檢查。分析、考察第　步發現的問題，集思廣益討論新的辦法和創意，確保將人與物在正確的時間配置到正確的位置，並製作「工具更換流程記錄」、「供料流程記錄」等供小組成員使用。

　　⑷測量並記錄對策執行後的換線時間

　　制訂換線流程及推行細則，將改善對策進行試運行，執行後測量換線時間及相關問題。

　　⑸效果追蹤、驗證

　　對改善後的換線方法進行分析、檢討，驗證、確認其改善效果，直到達到標準換線時間為止。

　　⑹實施標準化，將所有生產線展開

　　圍繞新的方法進行培訓，將標準化換線實施於觀測線，並以點

帶面地運用於其他線,同時完善相關資料。

⑺標準化維持與持續改善

對流程實行監控,不間斷地彙報換線部份的業績表現。在推行 SMED 換線過程中要確定標準換線時間,換線前後兩款產品的節拍時間、標準工時、平衡率不同都會影響換線時間。一般來說,同一系列前一規格產品的節拍時間比後一款產品的節拍時間短,換線時間要稍長;不同系列產品的換線時間比同一系列產品的要長,平衡率高的換成平衡率低的,比平衡率低的換成平衡率高的切換要快。

2.降低換線時間的程序

降低換線時間的程序,包括區分內部時間和外部時間以及將內部時間轉化為外部時間兩個階段。

⑴區分內部時間和外部時間

提前挑選出外部設置,可減少 30%～50%的設置時間。這一階段的典型活動如下。

①設備還在做前一項工作時,就將所有必須的工具及零件傳送到設備旁邊。

②在停機換線前,確認設備可換部份的功能。

⑵將內部時間轉化為外部時間

再次觀察停機時在設備上進行的動作,並設法在設備還在運行時就完成。這一階段的典型改善活動如下。

①提前準備作業條件,例如,提前對機器進行預熱。

②使功能標準化,例如,降低高度以消除調整的時間。

③應用自動定位零件裝置。

四、利用多能工協調生產作業

1. 利用多能工協調生產作業的情況

在下列情況下，企業需利用多能工協調生產作業。

⑴在品種多、數量少或按接單來安排生產的情況下，要頻繁地變動流水線，要求作業員具備多種技藝以適應變換機種的需要的時候。

⑵出現缺勤或因故請假的情況，沒有人去頂替其工作，使生產停止或造成產量減少的時候。

⑶適應生產計劃變更的時候。

2. 多能工的培養

⑴培養多能工的方法

培養多能工的方法見表 4-19 所示。

表 4-19　培養多能工的方法

序號	方法	說明
1	定期調動	以年或月為週期變動工作場所、工作內容、所屬關係、人事關係等，主要以基層管理人員為對象
2	班內定期輪換	根據情況進行班內調動，所屬關係、人事關係基本不變。通過多能化實現率衡量多能化的實施情況 多能化實現率＝[(個人已通過考核的工序數)/作業單元內工序數×n]×100%(n 為作業單元內的人員數)
3	工作交替	根據實際情況，以適當的週期進行有計劃地作業交替，通常以 2～4 小時為週期
4	流動班長	根據實際情況，以適當的週期選舉一名工人為輔助班長，協助班長開展工作

(2)培養多能工的步驟

①根據員工的要求或申請制定學習方案,編制多能工訓練計劃表(表 4-20),並按計劃先後,逐一進行作業基準及作業指導書內容的教育指導。

表 4-20　多能工訓練計劃表

作業技能 時間 員工(天)	取圖	剪斷	鑄鍛	展平	消除變形	彎曲	挫磨	衝壓成形	整形	熱處理	焊錫	熔接	鉚接	組裝	拋光	訓練時間合計
	2	2	2	3	3	5	5	5	5	8	8	8	8	8	8	80 天
備註:																

②完成初級教育指導後即進入相關生產現場參觀,以加深對作業基準及作業順序等相關教育內容的理解,隨後利用午休或加班(工作結束後)時間由班長指導進行實際操作。

③在有班長、副班長或其他多能工頂位時,學員可插入該工序與作業員工一起進行實際操作,以提高作業準確性及順序標準化程度,同時掌握正確的作業方法,並逐步向新的作業方向發展。

④當作業員完全具備該工序作業能力後,可讓其單獨作業,使其逐步達到能熟練操作,並能持續一段時間(3～6 日)。

⑤訓練中的多能工在單獨作業時,班長要現場進行確認。

‧作業方法是否與作業指導書的順序一致?是否有不正確的作業動作?如果有,要及時糾正。

‧產成品是否滿足品質、規格要求,有無不良品。

・進行自檢能力測定。

五、換型物料車、工具車的使用

換型時，工人需要將不用的物料、工具收集起來，這時就需使用物料車和工具車。

1. 換型物料車的使用

換型時，工人將剩餘物料放入物料車，再將新工位所需的物料取出。新機型物料由物料組負責準備和裝車。物料車的使用，如圖4-15 所示。

圖 4-15　使用換型物料車的方法

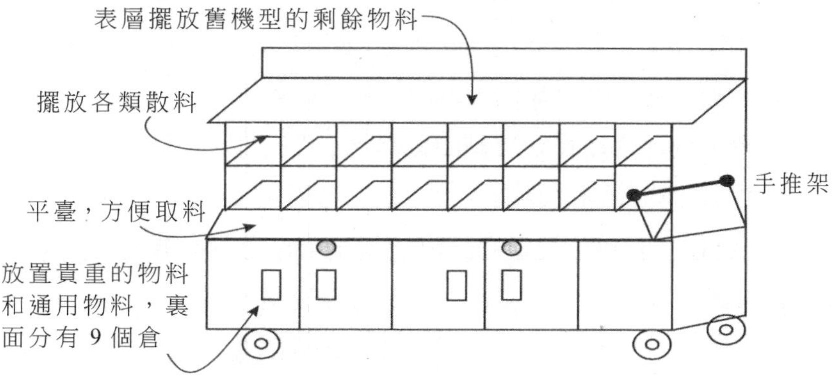

表層擺放舊機型的剩餘物料

擺放各類散料

平臺，方便取料

放置貴重的物料和通用物料，裏面分有 9 個倉

手推架

2. 換型工具車的使用

換型時，工人將不要的工具、治具放入工具車，再將所需的工具、治具取出。新機型所需工具由 JIG 機組負責準備和裝車。工具車的使用。

第四節 生產計劃的編制規範

第 1 章 總則

第 1 條 為加強對工廠現場生產計劃的管理工作，編制合理有效的工廠生產計劃，完成工廠生產任務，特制定本規範。

第 2 條 解釋說明

工廠生產計劃是生產計劃的具體執行計劃，是把工廠全年的生產任務具體地分配到各工廠、工段、班組以至每個操作人員，規定各相關人員在月、旬、週、日以至輪班和小時內的具體生產任務，從而保證按品種、品質、數量、期限和成本完成工廠的生產任務。

第 3 條 工廠生產計劃的內容

1. 工廠生產作業計劃日常安排。

2. 班組生產作業計劃的編制。

3. 班組內部生產作業計劃的編制。

4. 臨時生產計劃及其他。

第 4 條 具體的生產作業計劃編制工作由工廠調度人員及班組計劃人員完成。

第 2 章 生產計劃編制要求

第 5 條 工廠生產計劃編制步驟

1. 調查研究，收集資料。

2. 統籌安排，初步提出生產計劃草案。

3. 綜合平衡，確定工廠生產計劃。

4. 計劃審核與審批。

第 6 條　生產計劃編制人員在編制生產計劃時需收集相關資料，包括年度銷售任務、年度生產銷售預測、上年度生產任務完成分析、工廠經營發展規劃與戰略目標等。

第 7 條　大量生產類型產品的總生產計劃編制要求

大量生產類型產品的市場需求量穩定、季節性需求明顯，編制此類生產計劃時可採用如下編制方法。

1. 生產穩定情況下採用的產量分配形式，包括平均分配、分期遞增、小幅度連續增長和拋物線遞增等。

2. 在需求具有季節性的情況下，生產進度均衡安排。

3. 在需求具有季節性的情況下，生產進度變動安排。

4. 在需求具有季節性的情況下，生產進度折衷安排。

第 8 條　成批生產類型產品的總生產計劃編制要求

1. 產量較大、經常生產的主導產品可在全年內均衡安排或根據訂貨合約安排。

2. 合理搭配產品品種，使各工廠、各工種、各種設備的負荷均衡並得到充分利用。

3. 產量少的產品盡可能集中安排，減少各週期生產的產品品種數。

4. 新產品分攤到各季、各月生產，要與生產技術準備工作的進度銜接和協調。

5. 盡可能使各季、月的產量為批量倍數。

6. 考慮原材料、燃料、配套設備、外購外協件對進度的影響。

第 9 條　單件小批生產類產品的總生產計劃編制要求

1. 按合約規定的時間進行生產。

2.照顧人力和設備的均衡負荷。

3.先安排明確的生產任務,對尚未明確的生產任務按概略的計算單位作初步安排,隨著合約的落實逐步使進度計劃具體化。

4.小批生產的產品應盡可能採取相對集中、輪番生產的方式,以簡化管理工作。

第 10 條　綜合平衡的內容

1.生產任務與生產能力之間的平衡。

2.生產任務與生產力之間的平衡。

3.生產任務與物資供應能力之間的平衡。

4.生產任務與生產技術準備之間的平衡。

5.生產任務與資金佔用之間的平衡。

第 3 章　工廠內生產作業計劃編制

第 11 條　工廠內生產作業計劃的編制原則

1.保證工廠總生產作業計劃中各項指標的落實原則。

2.認真進行各工種、設備生產能力的核算和平衡原則。

3.根據生產任務的輕重緩急,安排原材料、零件投入、加工和生產進度原則。

4.保證前後班組、前後工序互相協調、緊密銜接的原則。

第 12 條　工廠內生產計劃編制步驟

1.編制各層次的生產作業計劃。

2.編制生產準備計劃,根據生產作業計劃任務,提出原材料和外協件的供應、設備維修和工具準備、技術文件準備、勞力調配等生產準備工作要求,以保證生產作業計劃得到執行。

3.進行設備和生產面積的負荷核算與平衡。

4. 制定或修改期量標準

期量標準是指為生產對象（產品、部件、零件）在生產過程中的運動所規定的生產期限和生產數量的標準。

5. 不同生產類型的期量標準如表 4-21 所示。

表 4-21　不同生產類型的期量標準

生產類型	期量標準
大量生產	節拍、流水線工作指示圖表、在製品定額
成批生產	批量、生產間隔期、生產週期、在製品定額、提前期、交接期
單件小批	生產週期、提前期

心得欄 _____

第 13 條　工廠各類生產計劃的編制方法如表 4-22 所示。

表 4-22　工廠各類生產計劃編制方法

工廠生產計劃	編制方法	具體編制事項
大批生產的班組作業計劃編制（產品品種少、生產穩定、節拍生產的流水線）	只需從工廠總的月作業計劃中，將有關產量任務按日均勻分配到相應班組	通常用標準計劃法為班組操作人員分配生產任務，即編制標準計劃指示圖示 1. 把班組所加工的各種製品的投入產出順序、期限和數量以及各工作地的不同製品次序、期限和數量全部製成標準，並固定下來 2. 有計劃地做好生產前的各項準備工作，嚴格按標準安排生產活動 3. 不用每日編制計劃，只需將每月產量任務做適當調整
成批生產工廠作業計劃編制	取決於工廠生產組織形式和成批生產的穩定性	1. 如果班組是按生產對象原則組成的，即各班組生產的零件為工廠零件分工表中所規定的零件，因此，班組月計劃任務從工廠月生產任務得出，無需進行計算 2. 如果班組是按技術原則組成的，可按在製品定額法或累計編號法，透過在製品定額和提前期定額標準安排任務，並編制相應的生產進度計劃
小批生產作業計劃編制	單件小批生產品種多，技術和生產組織條件不穩定，不能編制零件分工序進度計劃	1. 根據單件小批生產特點，對於單個或一次投入一次產出的產品，先對其中主要零件及工種安排計劃，指導生產過程中各工序之間的銜接 2. 其餘零件可根據產品生產週期表中所規定的各工序階段提前期類別，或按工廠計劃規定的具體時期，以日或週為單位，按各零件的生產週期規定投入和產出時間

第五節　（案例）如何確保商品交貨準時

　　企業若要確保交貨準時，避免企業本身及顧客雙方的損失，除專注於生產排程並對員加以要求外，尚須激勵及要求企業中各部門全體人員，以全員參與分工合作的精神，在各自工作崗位上，共同努力支援生產。因此，要使「交貨準時」開花結果，首先須設定各項基本管理制度，例如工程、物料、工業工程、品管、人事、會計等等，徹底有效地加以執行，再繼之以生產管理的加強，並致力於下列有關交期的各項管理措施：

一、建立各項基本資料

　　下列各項基本資料為生產管理及安排交期所必需，如未建立，要奢談交貨準時必然事倍功半，或變成緣木求魚。

1. 材料用量清單

　　由工程部依據產品設計而訂立，表中列明製造單位數量產品，應使用何種規格材料及其數量作為採購、領料及生產的依據。每一種產品須訂立一種用料清單。

2. 標準工時單

　　由工業工程師依據制程與操作分析而訂立。單中列明製造單位數量產品，需經由若干工作站，以及每站標準工時為若干，以作為安排製造過程、機器及人員等的根據。每一種產品也應訂立一種標準工時單。

3. 機器能量表

工廠生產能量，常受機器設備限制，重要的生產設備能量更常常形成生產能量的瓶頸。增加該項瓶頸設備，不但需要投入大量資金，而且費時較久，在生產排程的短期安排上，勢必受其所限。因此，對於各生產線重要的機器設備，都需詳細加以分析，訂立機器能量表，列明每種機器標準及實際生產能量，以及各生產線能量，以供安排生產作參考。

4. 檢驗標準

由品管部門根據工程規格要求而訂立。列明各項成品應加以檢驗的項目以及各項目的檢驗規格，作為成品入倉前品質檢驗的標準。成品檢驗標準混淆不清，或標準太鬆太嚴，都可能影響出貨。產品進入大量生產以後，其品質取決於所使用的材料，因此對於每項材料也應訂立進料檢驗標準。

二、生產排程的編制、執行及追蹤

每一企業所生產的產品常常不只是少數幾種，各企業都積極從事市場多元化及產品多元化，採取「少量多種」策略，產品種類日益加多。部份訂單生產工廠，常常依據客戶規格要求而製造產品，每日生產線上流通的產品常常達數十種甚至數百種。因此生產排程的編制、執行與追蹤愈加顯得重要。

1. 生產計劃

生產計劃是編制生產排程的依據。如是存貨生產，生產計劃依據銷貨計劃而訂立；如是訂單生產，則依據客戶訂單所要求的數量

及時限而訂立。在存貨生產情況下，生產計劃較為簡單，生產排程較易編制。在訂單生產情況下，行銷部門每次在接受訂單前，應發出「工廠訂單」，逐項列明每種產品在何時需要產出多少。關於產出限期，除須減去運交客戶所需時日外，為安全起見，可再減短一星期以作為交貨可能延遲的緩衝。此項工廠訂單須送工程、工業工程、物料、機械及生產部門簽註。如可達到客戶要求，即由生管部門登記，列入生產計劃；如有某部門簽註無法達到，應詳細說明原因以及何時可達成，並加以徹底檢討，不得輕易拒絕訂單。

2. 生產目標

生管部門在每月月中，應就生產計劃及工廠訂單要求，按照生產線類別匯總計算每一生產線在次月及其後兩個月，各應生產多少，由總經理或副總經理會同生管部、生產部及工業工程部，就各生產線生產能量加以檢討，以要求量扣除成品庫存量，訂定各月各線產出量目標。當訂定產量目標時，如要求量扣除庫存量後，淨數較生產能量少時，則需將後面將其數量提前生產或設法逐漸減產。如果超過，則需設法將部份要求量往後挪移，將交貨次數加多，或與客戶協商延遲，以免造成困難。各線各月產量目標訂定後，尚須訂立各生產線生產差異率（或生產效率）目標，由此並計算出所需作業員人數。如果作業員人數有不足現象，不足之數尚少時，可計劃以加班趕貨，否則須要求人事部門設法招募。

3. 編制生產排程

前面從交貨日期倒算生產日期的方法，稱為「基準日程計劃」法。生產目標訂定後，生管部門仍應依此方法逐線按照每一產品所要求的交貨期限及數量，編制生產排程，交生產部門執行。

(1)編制生產排程時,可按照甘特圖原理,逐線列明每一產品在該月每週應生產若干。至於次兩個月,只要列明各該月當時所要求的生產量即可。

(2)生管部門於編定生產排程前應與物料部核對原料情況,並與生產線主任根據機器能量及人員配置等資料,就每一產品各週要求產出量,檢討其可行性。

(3)如有緊急訂單,是否值得或可以插入已定的生產排程中,須由行銷、生管、料管及生產人員充分協調研究。為對客戶提供最佳服務,緊急訂單以儘量接受為原則。

4.執行生產排程

生產線主管為確保如期產出,對於機器的設定及更改、工具夾具是否如期完成、原料是否在開始生產前如期到達以及人員編配等,均須及早預先加以計劃、辦理及追蹤。為確實控制產量,可訂立「生產控制表」,每項產品每月一張,逐日記載完成入庫量,逐週與生產排程上的預計數量比較。

5.生產排程追蹤

生管部門應逐週統計各項產品入庫量,逐項廢生產排程表中,與預定產量互相對照比較。應將實際產量未達預計項目,超前生產太多項目,以及累積產量已超過訂單數量的項目,按生產線類別逐項匯總列入,編成「預計及實際產量比較表」,送交各生產線主管及生產部經理。生產部經理應據此比較表,與生產線主管共同檢討其原因以及解決的辦法,並決定對落後者如何及何時加以補足,註明於表上,回送生管部門並呈報總經理或副總經理。

6.分析延遲交貨的原因

延遲交貨的原因除生產部門發生問題外,其責任更常常在於其他部門。為避免延遲交貨的損失,必須防制在先。在生產前,無論在工程、物料、機器等方面,都需有良好的計劃與配合,預先做好週全的準備。在生產時,如有各項問題發生,應即及時反映,對症下藥及早解決,劍及履及。若延遲交貨事項發生時,更須持續徹底追蹤檢討改正,速謀補救。茲簡述影響延遲交貨的因素如下:

(1)工程方面:例如規格不清、規格變更、圖面不清、設計錯誤、儀錶誤差、規格過嚴、報廢率訂定不當,與客戶比對校正標準不當等。

(2)工業工程方面:例如制程安排不當造成瓶頸、工具夾具不良、工具供應延遲等。

(3)機器設備方面:例如機器設備不全、機器發生故障、改機裝機延遲、修理拖延、配件不全等。

(4)料管及生管方面:例如購料安排不當、材料供應延遲、材料品質不良、外包作業延遲、料賬記載錯誤、儲存不當材料變質、生產排程安排不當、生產排程變更、緊急訂單插入、生管與行銷人員配合不佳等。

(5)行銷方面:例如交期太短、交期變更頻繁、緊急訂單太多、工程規格未與客戶澄清等。

(6)生產方面:例如生產線主管領導不當、生產線主管疏忽、生產人員對制程及規格瞭解不透徹、管理不當使報廢率及不良率增高、作業員人數不足、制程品管不佳等。

第 *5* 章

生產訂單的變更管理

受外部市場需求和內部生產能力的影響，企業需要能夠適時變更生產訂單計劃，需求、生產能力和庫存加以平衡化，保證生產的持續性。

第一節　生產計劃變更控制基礎

在實際的生產過程中，必須依據相關標準，通過控制和調整生產計劃，保證完成計劃生產量。

一、生產計劃變更的控制標準

生產計劃變更控制過程包括生產計劃的制訂指標標準、內容標準、編制標準、安排標準和實施標準等內容。

1. 制訂指標標準

生產計劃的主要指標包括產品品種、產品品質、產品產量與產

值等方面，分別包含不同的經濟內容。產值指標又包括商品產值、總產值與淨產值等三種形式。

2. 內容標準

生產計劃的內容標準，如表 5-1 所示。

表 5-1　生產計劃的內容標準

序號	內容	說明
1	編制作業計劃	編制企業和工廠生產作業計劃，將企業生產計劃具體分解，規定工廠、工段和班組的短期具體生產任務
2	編制生產準備計劃	根據作業計劃，規定原材料和外協件的供應、設備維修、工具及技術文件準備和勞動力調配等生產準備工作要求，保障生產作業計劃的執行
3	負荷核算和平衡	核算和平衡設備以及生產面積負荷，保證生產任務在生產能力方面得到落實，並充分利用
4	生產派工	依據工段和班組的作業計劃，具體安排每個工作地和工人的生產任務和進度，做好作業前準備，下達生產指令，開始執行
5	制訂或修改期量標準	主要確定生產批量和生產間隔期，為編制生產作業計劃提供定額和標準依據

3. 編制標準

生產計劃編制標準主要包括調查研究、收集資料、安排統籌、提出指標、綜合平衡、確定指標等內容。

(1)調查研究、收集資料

編制生產計劃的主要數據資料包括：

①企業長遠發展規劃、長期經濟協議、市場經濟技術情報和市場預測資料。

②計劃生產能力與產品工時定額。

③計劃期產品銷售量、上期合約執行情況、上期生產計劃完成情況、技術措施計劃及執行情況和成品庫存量。

④產品試製、物資供應、設備檢修、勞動力調配等方面資料。

編制生產計劃，還需要總結上期計劃執行的經驗和教訓，研究在生產計劃中貫徹企業經營方針的具體措施。

(2)統籌安排、提出指標

選擇和確定產量指標，合理安排產品出產進度，搭配生產各個產品品種，將整體生產指標分解為各個分廠和工廠的生產任務等工作。

(3)綜合平衡、確定指標

將需要與可能相結合，平衡初步提出的生產計劃指標，落實生產任務。綜合平衡的主要內容，如表 5-2 所示。

表 5-2　綜合平衡的內容

序號	內容	說明
1	生產任務與生產能力	測算企業設備和生產面積對生產任務的保證程度
2	生產任務與勞力	測算勞動力的工種和數量，檢查勞動生產力水準與生產任務的適應程度
3	生產任務與材料供應	測算主要動力、工具、原材料和外協件對生產任務的保證程度，以及生產任務與材料消耗水準的適應程度
4	生產任務與生產技術準備	測算產品試製、技術準備、設備維修和技術措施與生產任務的適應和銜接程度
5	生產任務與資金佔用	測算流動資金對生產任務的保證程度和合理性

4.安排標準

生產計劃安排標準包括產量優選、生產進度安排、產品搭配和工廠任務安排等內容，如表 5-3 所示。

表 5-3　生產計劃安排標準的內容

序號	內容	說明
1	產量優選	企業確定生產量，應服從市場需求，同時考慮充分利用企業的生產能力，以增加利潤，可以運用盈虧平衡點法衡量
2	生產進度安排	生產進度的合理安排，必須是有效地運用企業的人力和設備資源，提高勞動生產率，降低成本，提高生產效率
3	品種搭配	首先安排經常生產和大量生產的產品，以保持生產的穩定性；其他品種，使用「集中輪番」的安排方式，加大生產批量；新老產品交替應有一定的交叉時間，新產品產量逐漸增加，老產品產量逐漸減少；尖端產品與一般產品、複雜產品與簡單產品、大型產品與小型產品等，應合理搭配，保持各個工種、設備和生產面積負荷均衡
4	工廠任務安排	一般先安排基本工廠的生產任務，再安排輔助工廠的生產任務，應縮短生產週期，減少流動資金佔用量，充分利用工廠的生產能力

5.實施標準

包括生產期限、生產實施計劃、完成報告、中間日程計劃、基準日程表、能力調查表、標準作業時間表、月實行計劃和工程期限等內容。

二、生產計劃變更控制程序

在生產計劃的編制和實施過程中，不同部門分工不同。業務部

負責提供市場訊息，採購部負責採購生產物料，生產管理與計劃部負責編制生產計劃，並跟蹤和監督生產計劃的實施，生產部負責按生產計劃的要求加以生產。

1. 物料採購

採購部應按照採購控制程序的要求和規定準備物料，以滿足生產需要。

2. 制訂生產計劃

生產計劃部應綜合考慮設備、人力、需求和生產任務等因素，合理調配資源，編制生產計劃，在任務執行前下達至生產部。

3. 按計劃組織生產

生產工廠各個生產班組嚴格按生產計劃和派工單組織生產。領料員按照派工單明確的材料型號、批號和數量填寫「領料單」，經工廠主任確認後領料。

計劃外領料應由工廠主任提出申請，生產主管審核，分管副總經理批准，同時將資訊傳遞給相關部門，確保及時補充物料。生產部統計員應每天定時統計前一天的生產情況，並製作和提交生產統計日報表。

4. 生產變更

生計部門應隨時跟蹤生產計劃執行情況，並填寫「生產進度跟蹤表」。如果生產進度偏離計劃要求應及時提出生產變更申請。

生產變更申請格式不固定，內容可直接在原派工單上表示。如果生產計劃需要同步修改，可在原計劃上用不同標識描述更改內容。

5. 生產進度統計

　　生產部按月統計和分析生產計劃的完成率,並將分析結果提交分管副總經理。如果生產計劃的完成率低於設定的目標值,應分析原因並制訂適宜的糾正和預防措施,並組織實施。

三、生產計劃的變更調整

　　在生產計劃的執行過程中,外部市場需求與內部生產能力都可能發生變化。因此,應採取有效措施,通過零售商、批發商和成品庫,將市場訊息及時傳遞到生產計劃部門。需要根據新的市場訊息和當前庫存修改和調整生產計劃,以避免由於資訊延遲造成生產量波動。

　　生產計劃變更調整的程序,如圖 5-1 所示。

圖 5-1　生產計劃調整程序示意圖

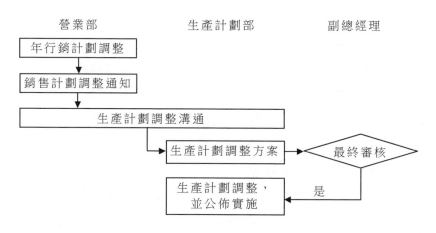

　　在生產計劃變更調整過程中,主要涉及營業部、生產計劃部和

分管副總等職能部門。生產計劃變更調整流程，如表 5-4 所示。

表 5-4　生產計劃變更調整流程

序號	職能部門	具體操作內容
1	營業部	根據市場需求情況，包括銷售品種調整、數量調整和時間調整，提前通知計劃部進行生產計劃調整
2	生產計劃部	生產計劃部接到調整通知後，應根據產品庫存，與營業部協商生產計劃調整方法，並擬訂調整方案，報分管副總審定。接到副總經理批覆，應立即組織調整生產計劃，並通知物料供應部門更改物料及包裝物料供應計劃
3	副總經理	審定生產計劃部提出的生產計劃調整方案，將最後的審定結果交回生產計劃部，責成其負責組織實施

　　調整生產計劃，可以採取變動計劃週期產量、變化勞動力數量、利用庫存平衡產量和轉移需求四種基本措施。在選擇具體措施時，應綜合考慮企業政策、環境條件和成本等要素。

1. 變動計劃週期產量

　　產量變動的常用方法是變化作業時間，例如，在需求高峰期組織加班(會產生額外的薪資成本)，在需求低潮期減少開工，或者採用生產外包的方法調節生產能力──在需求高峰期，將零件轉包給外廠加工；在需求低潮期，由企業自行加工。

2. 變化作業人員數量

　　變化作業人員數量的常用方法是增聘和解聘。但是增加作業人員需要支付較高的培訓成本；解聘作業人員可能引起勞工問題，使員工產生不安全感。

3. 利用庫存平衡產量

維持一定量的庫存能夠穩定生產，使生產保持均勻的速率。當需求減少時，可以將過剩的產品放入倉庫；當需求上升時，可以利用庫存補充生產能力。

4. 轉移需求

可以採用一些銷售策略影響需求，例如調整價格和擴大宣傳，平衡生產能力，增加需求低潮期的銷售量。

將四種生產計劃調整措施結合起來運用，能夠形成兩種不同的滿足需求變動的策略，即跟蹤策略和均勻策略。

表 5-5　生產計劃調整策略

序號	策略	說明
1	跟蹤策略	完全依據需求變化調整計劃產量，以降低庫存成本和缺貨成本，但會產生生產能力調整成本，包括加班、外包、增聘或解聘等成本
2	均勻策略	保持每月的產量和作業人員數量不變，用補充庫存或消耗庫存的方式滿足需求變動，避免生產能力變動成本，但會造成較高的庫存成本

跟蹤策略和均勻策略，是兩種較為極端的計劃調整策略，只是部份利用了生產能力調節因素，難以避免產生較高的成本。在實際的計劃調整過程中，可將這兩種策略折衷，採用混合策略，保持總成本最低。

四、生產計劃調度的內容和運作方式

生產計劃調度工作包括以下基本內容：

⑴檢查、督促和協助相關職能部門做好各項生產準備工作。

⑵組織和協調生產過程中各種環節的平衡。

⑶根據生產需要，合理調配生產作業人員，督促檢查工具、動力和原材料供應情況以及內部運輸工作。

⑷檢查各個生產環節的零件、毛坯和半成品的投入產出進度，及時發現生產計劃執行過程中的潛在問題，並採取措施及時糾正。

⑸分析計劃完成情況的統計資料和其他生產資訊，包括工時損失記錄、機器損壞造成的損失記錄和生產能力的變動記錄等內容。

生產企業通常都會建立相應的生產計劃調度機構。一般以生產副總經理為首，生產總調度室為中心，有關專業調度和工廠班組長參加，負責處理日常的生產計劃調度工作，處理生產活動偏差。

生產計劃調度負責人有以下基本的工作內容：

⑴對生產工廠和相關服務部門下達完成或配合完成生產計劃的調度指令，督促、檢查和考核調度指令的執行情況。

⑵在保證完成生產計劃的前提下，根據實際生產情況，提出月生產計劃調整建議。

⑶檢查生產會議決議執行情況和生產計劃完成情況，追究因不執行決議影響進度的責任人。

⑷根據生產需要，召開有關工廠和科室負責人緊急會議。

⑸根據生產計劃要求，簽訂零件生產加工協作合約。

⑹指揮、協調和調配生產動力。

⑺處置生產異常情況，事後及時向有關領導彙報。

生產計劃調度人員有不同的分工，如表 5-6 所示。

企業的設備、物料、供應、運輸和倉庫等部門，可以根據實際情況，設立生產計劃調度組或指定專人負責調度工作。

表 5-6　生產計劃調度人員的分工

序號	方式	說明
1	按產品分工	從產品的物料準備、投料和生產，直至產品完工，均由調度員負責
2	按工廠或部門分工	由調度員全面掌握所管工廠所有產品的生產及業務活動
3	按產品按工廠相結合的分工	對穩定生產的品種，實行按工廠分工管理的方式，對特殊的、難度大的、生產週期長的產品，設專職調度員，保證順利完成生產計劃

心得欄

第二節　生產插單的管理與控制

企業為保證完成既定的生產量，充分利用企業的生產能力，應採取積極的措施處理緊急訂單。在自身生產能力不足的情況下，可以適當考慮產品或零件外包生產。

一、訂單頻繁變更的處理方法

由於客戶或企業內部需求變化或調整，例如客戶取消訂單；修改訂單數量、交期和單價；企業已經停止該訂單的產品等，企業需要對原客戶訂單相關內容進行變更。

1. 對應職責

企業應建立相應的訂單變更處理制度，由企管部負責審核執行，經過總經理批准執行。

發生合約或訂單變更，業務部負責收集和整理訂單變更資訊；業務總監助理或內勤人員負責提報《訂單變更申請單》；業務總監負責審核《訂單變更申請單》。

表 5-7　生產插單管理與控制的內容

序號	內容	說明
1	訂單頻繁變更的處理方法	訂單頻繁變更的處理方法包括：建立相應的訂單變更處理制度、及時收集訂單變更資訊、整理訂單變更需求資料等內容
2	緊急訂單的處理技巧	緊急訂單的基本處理方法包括：建立資訊系統、順暢製造流程和保持安全庫存等。必須掌握的基本技巧包括：技術指導、人員技術培訓、及時調整工作時間、優化生產組合與計劃組合、人員重組與調動和有效使用獎懲手段等
3	外包生產計劃的控制程序	外包生產計劃的控制程序：包括外包發料、外包補料和退料、外包作業品質控制和外包驗貨等基本步驟。外包發料包括：製作外包發料單、檢驗外包發料和外包發料審批等內容；外包補料和退料包括：外包商補料和外包商退料；外包作業品質控制包括：生產前品質協議、外包商樣品審核和正式生產的品質控制等內容
4	避免產品外包的控制措施	避免產品外包的控制措施包括：原料採購、成本管理、品質管制和提高生產能力等

表 5-8　訂單變更申請單

申請日期：

訂單編號：		交易日期：
客戶：		客戶確認日期：
訂單變更原因：		
序號	產品名稱及型號	交易金額
小計		
主管審批：		經辦人：

2.基本工作流程

主要包括訂單變更資訊收集和訂單變更需求資料整理等內容。

⑴訂單變更資訊收集

訂單變更多由客戶通過電話、傳真、電子郵件等方式,向業務經理或客戶服務部提出訂單變更要求或投訴。

⑵訂單變更需求資料整理

客戶訂單變更包括交期提前、交期延遲、產品變更、價格變更、產品數量增加、產品數量減少、付款方式變更和技術技術變更等情況。

①交期提前

客戶要求交期提前,企業應調整生產計劃排程,評審產能負荷;採購部應評審相應採購是否能夠滿足交期,如需緊急採購,應提供緊急採購的額外成本數據。

②交期延遲

客戶要求交期延遲,企業應調整生產計劃排程;採購部應調整採購計劃,以保證既滿足交期,又不佔用資金。

③產品變更

客戶提出變更產品,工程技術部評審該產品變更是否引起其他部件變化;採購部調整採購計劃,評審採購是否能夠滿足交期要求,並提供所需新產品的詢價報告,如需緊急採購,應提供緊急採購的額外成本數據;已經採購的非標件,需要提供可能發生的損失報告;業務部根據詢價報告,重新確定產品銷售價格。

④價格變更

客戶提出變更價格,財務部應提供價格變更後訂單損益分析;

業務部應根據財務部提供的訂單損益分析，與客戶溝通價格減少幅度。

⑤產品數量增加

客戶提出增加訂單產品數量，財務部應評審客戶預付款金額是否達到增加後總金額的相應比例；生產部應評審產能負荷，是否需要延遲交期，如果需要延遲交期，由業務部和客戶溝通，達成一致；採購部應評審庫存物料能否滿足交期。

⑥產品數量減少

生產部應依據客戶產品減少的要求，調整生產計劃排程；採購部應調整採購計劃；業務部門應評審是否需要調整價格，例如之前的銷售價格是否對批量做了折扣；產品數量減少需要退貨，財務部及採購部應提供損失報告。

⑦付款方式變更

客戶提出變更付款方式，財務部應評審變更付款方式後是否在客戶的授信額度內。

⑧技術變更

客戶提出變更技術，工程技術部應評審技術能力能否達到變更要求，並提供技術變更設計方案和新產品結構圖；採購部應根據新的產品結構調整採購計劃，如需緊急採購，應提供緊急採購的額外成本數據；已經採購的非標件，應提供可能發生的損失報告；生產部應及時調整生產計劃排程，評審產能負荷，是否需要延遲交期；業務部應根據新產品詢價報告，重新確定產品銷售價格和交期。

二、緊急訂單的處理技巧

在實際生產過程中，經常出現緊急訂單，包括取消訂單、緊急插單、變更數量和變更產品功能等，打亂了生產計劃，影響整體生產進度。

表 5-9　緊急訂單的基本處理方法

序號	內容	說明
1	建立資訊系統	建立靈活的企業內部資訊管理系統，接到緊急訂單能夠迅速查看滿足此訂單的相應物料的庫存，及採購狀況和生產線的能力佔用狀況，如果接受此訂單，可能對那些訂單產生影響，客戶能否接受
2	順暢製造流程	建立完善的管理體系，保障整個系統不會由於計劃變更而混亂，影響工作效率，同時輔之以必要的資訊系統和較高的行政效率
3	保持安全庫存	適當保持採購期較長物料的安全庫存，選擇配套能力強的地區和供應商

在處理緊急訂單過程中，必須掌握以下基本技巧：

⑴對於必須接受的緊急訂單，例如大單、大客戶訂單等，應及時與物控部和採購部在物料供應方面達成一致，保證物料的供應及時。

⑵進行必要的人員、設備、場地和工具調整，同時進行技術指導、員工技術培訓。

⑶組織有關人員詳細規劃生產細節，及時調整工作時間，正確使用加班，適時採用輪班制。

⑷認真進行總體工作分析，通過優化生產組合與計劃組合，發現剩餘生產空間，對於本工廠和班組無法解決的問題或困難，應及時上報並取得支持。

⑸加強人員重組與調動的管理，合理進行設備、物料人員的再分配，保證達到最佳效果。

⑹組織工廠和班組開會討論，激發員工的生產積極性。

⑺有效地使用獎懲手段，強化執行力度。

第三節　生產計劃的控制

一、外包生產計劃的控制流程

外包生產計劃的控制程序，包括外包發料、外包補料和退料、外包作業品質控制和外包驗貨等內容。

1. 外包發料

外包發料內容根據外包類型的差異而有所不同，如表 5-10 所示。

外包發料流程一般包括製作外包發料單、檢驗外包發料和外包發料審批等內容。

表 5-10 外包發料的內容

序號	內容	說明
1	成品外包	由企業提供材料或半成品供外包商製成成品，外包加工產品交付後，即可當作成品銷售或直接由外包商交運
2	半成品外包	由企業提供材料、模具或半成品供外包商生產，外包加工後尚需送回企業再加工才能完成成品
3	材料外包	由於企業無此種設備或設備不足，需要將產品製造所需加工的材料外包加工，才能為企業所使用

(1)製作外包發料單

採購部根據外包生產計劃，編制標準材料表，核算物料損耗率，製作外包發料單，確定發料數量。

(2)檢驗外包發料

發料前，通知品質部進行出庫檢驗，保證發料品質。採購材料由外包商直接提領比較便捷時，品質部應派檢驗員到外包商處驗貨。

(3)外包發料審批

外包發料出廠時，填寫外包送貨單一式五聯，貨倉保留一聯，其餘四聯隨貨送外包商簽收後，一聯留外包商保存，其他三聯返回企業，分送採購部、生產部和財務部保存。

2.外包商補料和退料

(1)外包商補料

如果企業發料數量不夠或者客戶突然增加訂單數量，企業均需補料給外包商。補料需開補料單，經相關管理人員簽字後生效。

(2)外包商退料

外包商退料的情況，如表 5-11 所示。外包商退料，應填寫退料單，經雙方相關管理人員簽字後生效。

表 5-11　外包商退料的對象

序號	退料對象	說明
1	規格不符的物料	物料規格不符，責任多在企業自身，例如發錯料或者供應商發錯料而企業沒有檢驗查出。如果組裝時造成損失，企業應負責賠償
2	超發的物料	責任在企業，應對發料人員進行相應的處罰
3	不良物料	物料不良的原因包括漏檢的不良風險、運輸和裝卸不良、外包商保管不善和外包加工過程不良
4	呆料	責任往往在企業，例如發料後客戶突然取消訂單
5	廢料	出現廢料，可能由外包商加工過程導致，也可能由原材料錯誤採購導致

3. 外包作業品質控制

外包作業品質控制，包括生產前品質協議、外包樣品審核和正式生產的品質控制等內容。

(1)生產前品質協議

外包品質協定內容包括下列一項或多項內容：外包商的品質管制體系，外包商交貨時提交的總和試驗數據以及過程控制記錄，外包商進行 100%核對總和試驗，由外包商進行批次接收後抽樣核對總和試驗，企業規定的正式品質體系，由企業或第三方評價外包商的品質管制體系以及內部接收檢驗、篩選。

⑵外包樣品審核

在正式量產交貨前，應審核外包商樣品，包括新設計零件、新承包零件、件號重編的設計變更零件和工程變更零件等。

外包商必須向品質部提交樣品檢驗記錄、材質規格確認書和工程規格確認書一式兩份。品質部承認合格的記錄一式兩份：一份交外包商，一份企業留存。

⑶正式生產的品質控制

正式生產的品質控制，包括建立標準、實施檢驗、一般管理、異動管理、重要零件管理、監查管理和保存記錄等內容，如表 5-12 所示。

表 5-12　正式生產品質控制的內容

序號	內容	說明
1	建立標準	制訂品管基準書(外包管理、過程管理、出貨檢查、抱怨處理等管理辦法)、規格類文件(外包零件、半成品和成品檢驗規格)和限度樣品
2	實施檢驗	材料檢驗、制程檢驗、成品核對總和出貨檢驗
3	一般管理	計測器具管理、過程控制與過程能力分析、批次管理、特殊工程管理和外包管理
4	異動管理	品質異常處理、特採作業、設計變更和工程變更
5	重要零件管理	必須符合一般的管理要求，實施嚴格管理
6	監查管理	外包商監查產品和品質管制體制，預防不良
7	保存記錄	記錄並保存外包商對開發與製造的管理記錄、檢驗或試驗記錄、批次管理記錄、量具精度管理記錄、特採對象的監查或指導記錄以及不良對策

4.外包驗貨

外包驗貨是外包品質管制的重點，應進行規範化管理。

(1)驗貨的內容和方法外包驗貨的內容和方法，如表 5-13 所示。

表 5-13　外包驗貨的內容和方法

序號	內容和方法	說明
1	內容	核對外包生產通知單，檢驗產品的名稱、顏色、規格和尺寸
2	方法	免檢。針對外包商品質能力年考核的結果介定
		全檢。針對重要零件、已發生過或多次發生過不良的產品
		抽檢。針對制程穩定，鑑定成本過高或無法進行全數檢驗的產品

(2)驗貨流程驗貨流程包括送檢、核對總和入庫三個步驟，如圖 5-2 所示。

圖 5-2　驗貨流程示意圖

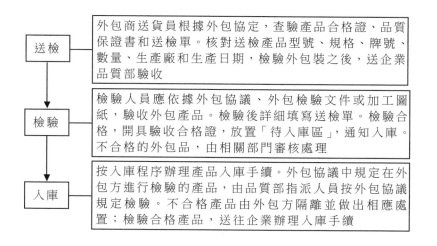

送檢：外包商送貨員根據外包協定，查驗產品合格證、品質保證書和送檢單。核對送檢產品型號、規格、牌號、數量、生產廠和生產日期，檢驗外包裝之後，送企業品質部驗收

檢驗：檢驗人員應依據外包協議、外包檢驗文件或加工圖紙，驗收外包產品。檢驗後詳細填寫送檢單。檢驗合格，開具驗收合格證，放置「待入庫區」，通知入庫。不合格的外包品，由相關部門審核處理

入庫：按入庫程序辦理產品入庫手續。外包協議中規定在外包方進行檢驗的產品，由品質部指派人員按外包協議規定檢驗。不合格產品由外包方隔離並做出相應處置；檢驗合格產品，送往企業辦理入庫手續

⑶驗貨完畢的審核。外包商送檢的產品檢驗完畢,合格品入庫後,應對不合格品進行審核,審核結果一般包括兩種情況。

①特採

經檢驗,外包商承制零件與圖紙不符,如果其主要功能符合要求,外包商可說明理由申請特許採用,以降低成本,但只限於極少數不影響成品機能的零件,並應限定有效期限和數量。

②退貨

外包商的不合格品,除特採外,應一律按退貨處理。

⑷收貨清點和交接。對檢驗合格的產品,庫房應做好清點與交接工作,包括單據和數量的清點與交接,如表 5-14 所示。

表 5-14　收獲清單和交接的內容

序號	內容	說明
1	單據清點與交接	品質憑證,包括送檢單、產品合格證、品質保證書和品質檢驗報告;送貨單,應核查產品名稱、規格、型號、供貨數量和交付日期
2	數量清點與交接	清點產品實際數量與品質憑證上數量是否相符。當客戶訂單在生產過程中發生變化,例如,當外包商將要生產出訂單部份數量產品時,客戶突然取消訂單;客戶對訂單的一部份產品進行規格調整,但要求按照原來的交期交貨;客戶需要在原定單的基礎上增加產品交貨數量,或者臨時插單等,遇到這些情況,應特別注意清點外包商送貨數量

二、產品外包的控制措施

企業需要在綜合平衡核心技術的可控性、技術流程的相似性和成本費用的低廉性的前提下,確定是否需要將產品外包。如果不需

要外包，應同時從原料採購、成本管理和品質管制等方面提高自身生產管理水準。

1. 原料採購

採取多種途徑進行採購，確保企業所需原材料的品質並且能夠穩定及時的供應，並儘量降低成本。其主要方法包括：

⑴與原材料供應商簽訂購買合約，確保貨源的穩定供應。

⑵為原材料供應商提供一定的技術和資金支援，加大原材料檢測力度，確保獲得高品質的原材料。

⑶根據市場動態，及時調整採購策略，降低成本。

2. 成本管理

加強成本管理的主要方法包括：

⑴隨著生產規模的擴大，利用規模效應降低產品成本，加強與原材料供應商的聯繫，想辦法得到較低的原材料供應價格。

⑵加強研發能力，提高生產作業人員熟練程度和技術水準，降低生產成本。

⑶提高管理效率，激發員工，積極性和創造性，節約加工費用。

3. 品質管制

企業應通過多種方式確保產品品質，主要方法包括：

⑴在企業內部樹立「品質就是生命」的生產觀念，增強員工的品質意識。

⑵培訓生產作業人員，使其具有較高的技術和素質，充分發揮主觀能動性，打造一流的產品品質。

⑶在生產過程中落實每一個環節的品質保障，建立高效檢測系統，檢驗產前、產中、產後的每一個環節，保證產品品質。

⑷建立專門的產品檢驗隊伍,確保產品合格率。

⑸強化產品品質管制,力爭達到各項品質認證體系要求。

4.提高生產能力

企業提高生產能力可以通過以下途徑實現:

⑴改善設備的利用時間

減少設備停歇時間,提高設備的實際利用時間。主要方法包括:

①合理地安排修理計劃。採用先進的設備維修方法,提高維修品質。

②加強生產作業準備工作及輔助工作,減少停機次數。

③加強生產作業計劃和調度工作,保證生產環節銜接緊密,均衡生產。

④提高產品品質,降低不合格品率,減少設備和勞動力的無效工作時間。

⑤改進工作班制度,交班不停機。

⑵改善設備利用強度

主要方法包括:

①改進設備和工具,以自動化作業代替一般的機械化操作和手工操作。

②改進產品結構,提高結構技術性。

③充分利用設備的尺寸、功率和工位等技術特性。

④提高產品的系列化、標準化和通用化水準,標準件和通用件的生產儘量採用高效的專用技術裝備、先進技術和操作方法。

⑶增加生產設備投入數量

主要方法包括:

①加快新設備的安裝試車工作，儘快交付使用。

②提高機器設備的成套性。

③充分挖掘或利用現有設備，必要時調撥或購置一定的設備。

⑷充分利用生產面積

主要方法包括：

①改善生產面積的利用，合理佈置工廠和工段的機器設備，增大生產面積在總面積中所佔的比重。

②合理安排在製品庫、外購件庫和成品庫的面積。

③盡可能組織準時化的流水線生產。

④合理安排工作輪班，增加生產面積的利用時間。

第四節　（案例）企業如何縮短交期

交貨期管理是指企業按客戶簽訂的交貨期準時、保質、保量地交貨，並對生產進行統一控制的一種管理方式。生產主管在交貨期管理中起到了關鍵性的作用。為了順利完成生產任務，生產主管必須加強生產交貨期管理，其中最主要的一項就是嚴格把控生產進度。

一、掌控生產進度的「6勤」原則

生產主管怎樣才能更靈活地掌控生產進度呢？只需遵循「6勤」原則，如表 5-15 所示。

表 5-15　掌控生產進度的「6 勤」原則

序號	6 勤	內容	結果
1	勤觀察	員工的行為	讓每個人都能按企業的規定去做，按操作流程作業
		設備保養及運轉情況	延長設備的使用壽命
		生產現場有無異常	將異常消滅於萌芽之中
		生產現場的衛生狀況	將5S管理進行到底
		生產流程及生產工序	確保最優，使其銜接流暢
		安全問題	杜絕安全隱患
2	勤聆聽	員工的心聲	對工作環境、工作待遇等做出改善
		其他部門的回饋	各部門之間的溝通做到暢通無阻
		上級的要求	領會上級的意圖並能切實執行
		客戶的回饋	根據客戶的意見，調整生產策略、生產計劃等
3	勤詢問	生產進展	做到心中有數確保生產計劃順利執行
		物料使用情況	確保物料及時供應
		員工的個人生活	關心員工，急員工之所急，需員工之所需
4	勤記錄	每日生產情況	及時發現並解決生產中的問題
		設備運轉情況	是否有停工情況，是否需要維護與維修
		異常發生的情況	方便查詢及總結教訓
		設備維修情況	對設備的現狀做出相應的處理方案
5	勤討論	不良品產生的原因	提高產品的品質
		不安全因素	培訓安全操作與防範知識
		效率不高的原因	提高生產效率
6	勤總結	經驗與教訓	好的，進一步發揚；不好的，努力改善

二、縮短交貨期的四種方法

遵守與客戶約定的交貨期是企業最基本的原則之一。企業能否

正常交貨主要取決於生產現場，如設備是否出現故障、人員安排是否合理等問題。所以，在生產現場，生產主管必須想辦法解決所有問題，努力做到按期或提前交貨。

那麼，有沒有辦法可以縮短交貨期呢？當然有。企業縮短交貨期主要體現在生產現場的日常工作中，生產主管可以透過以下幾種方法來實現。

1. 縮短生產線

一般情況下，在生產過程中，生產線越長就需要越多的員工、越多的在製品、越長的生產交貨期。同時，生產線上的員工越多就可能出現越多的錯誤，進而導致品質的問題。

如果企業的生產線總長度平均比同行業長一倍，這樣就會比同行需要更多的人員，出現品質問題的機會也會大大增加，交貨期可能會比同行長得多，同時生產成本、人工成本都會大大增加。因此，適當縮短生產線對生產企業來說是比較有效的方法。

2. 縮短工時

縮短工時也是縮短交貨期的一種有效方式。同時，縮短了工時，也會為企業的員工提供更好的自由休息機會，這樣有利於提升員工的士氣，提高生產效率。一般來說，企業要想縮短工時，可以通過目標管理、即時回饋、多重考核等方式來進行。

目標管理的最大優點在於能使員工用自我控制的管理來代替受支配的管理，激發員工發揮最大的能力，提高員工的效率來促進企業總體目標的實現。實行目標管理後，每個人的權利責任更明確，員工參與意識加強，並且強調結果導向，有利於整體生產效率的提升。

　　某衛浴設備公司為了充分發揮各職能部門的作用，充分激發全體員工的積極性，開始推行目標管理。首先，對部份科室實施了目標管理，經過一段時間的試點後，逐步推廣到全公司各工廠、工段和班組。一年後，該公司的經營管理環境得以改善，充分挖掘了公司內部潛力，增強了公司的應變能力，提高了公司整體素質，並取得了較好的效益。

3.優化生產排程

　　某企業的生產主管離職後，新招聘一位生產主管。新生產主管上任後，立即發現企業的生產排程存在問題，於是根據大批量生產、成批生產、單件小批量生產的產品類型及訂單時限重新編排。雖然按照以往的生產排程也可以按期交付產品，但按照改進後的排程進行生產，結果交付能力提升了 15%，生產成本減少了 20%。

　　很多時候，企業的生產排程並不是最佳的，只是企業沒有意識到。這就好比時間統籌一樣，計劃一天做 5 件事，但這 5 件事該如何安排才能最省時、最有效率，卻是一個值得思考的問題。優化生產排程的一個重要手段是準時生產（Just in Time，JIT）。

　　JIT 非常強調遵循生產的步驟和順序，強調它們之間的邏輯關係。JIT 是邊做、邊思考、邊實踐、邊完善的產物，是從經營意識到生產方式、生產組織及管理方法的全面更新。

4.排除在製品滯留

　　在大批量生產中，很多生產主管強調開機率，對生產過剩問題不予關注。有的生產主管甚至認為，生產過剩對提高生產力和節約生產成本是有利的。其實，這是錯誤的認識。事實上，在製品只有變成產品並且被客戶接受才會轉變成企業的收益。否則，無論在製

品的產量有多大，只要還在企業的倉庫裏，就如同廢料。

為什麼這麼說呢？這是因為：

(1)在製品滯留過多，會延長交貨期。

(2)在製品滯留會讓部份資金處於停滯狀態。

(3)在製品會減少作業空間，降低生產效率。

(4)在製品會增加人工搬運作業的時間，同時也增加了產品的受損率。

(5)在製品會給盤點人員帶來一定的困難。

那麼，如何避免在製品滯留過多的問題呢？生產主管可採用如下對策：

(1)樹立「不積壓，要通暢」的意識。

(2)不要隨意安排生產通知單規定以外的品種及數量。

(3)制定合理的小日程計劃和作業指示書，認真瞭解計劃實施的進度。

(4)發現瓶頸工序並想辦法迅速消除。

(5)作業時，盡可能分成小批量傳遞，不要等作業單上指定的生產數量全部完成後才傳遞下一工序。

(6)配備專職的搬運人員。

第 *6* 章

生產訂單交期的改善措施

按時交貨，是企業信譽的保證，更是按生產計劃正常運作的必然要求。企業必須確保如期交付產品的數量和品質，若有所失誤，必須立刻跟催並改善。

第一節　準時化交期的改善措施

企業必須站在客戶的角度，建立準時化交期，同時保證產品的數量和品質。其基本改善措施包括以下內容。

1.瞭解市場，分析客戶，做好市場預測

生產必須以客戶為中心，以客戶的實際需求為依據，及時瞭解市場，識別、分析和確定客戶購買類型，篩選出有用的資訊資源，同時，準確掌握常用材料的日存量狀態，通過目視管理，實現資源分享，將客戶的交貨期與材料的動態資訊相結合。

2.靈活安排生產

靈活安排生產的主要方法，如表 6-1 所示。

表6-1　靈活安排生產的主要方法

序號	方法	說明
1	化整為零	依據不同客戶的運輸提前期，將同一客戶不同時間段的訂單放在同一天生產和完成
2	目標管理	根據每一個客戶的情況，綜合其信用等級，分期分批安排生產
3	控制管理	對部份特製產品，在訂單增多時，控制和規範接單，控制生產週期
4	梯子管理	從年初開始衡量和驗證生產能力，確定日、月的生產量，並不斷擴充和完善生產能力，使其呈階梯狀不斷上升

3.實行監督式管理

在保證準時化交期的同時，除安排配置原有的跟單人員，還需要組織由生產、行銷、物料和品管等各個部門管理人員，以及各個區域行銷代表，組成的品質監督隊伍，不定期抽檢和確認原材料、半成品和產成品，提出改進意見，以避免因品質不良導致返工，無法按時交貨。

4.資源分享，協調一致

各個部門及員工，應該從大局出發，不定期傳遞和匯總不能及時出貨的相關資訊，以備貨應急或調貨制亂。

第二節　制程管理的改進策略

制程包括產品設計、生產進料、生產製造、品質核對總和成品包裝等內容，即原材料上線至成品包裝完成的整個生產製造過程。

制程管理，即在製品的品質管制和制程品質管制。在製造過程中，利用工程知識和數據統計，實現製造條件標準化，及時發現不符合規格的缺點並矯正，以確保製品品質，預防發生不良品。

制程管理需要通過相關作業人員的實際作業實現，相關作業人員的責任劃分，如表 6-2 所示。按照作業人員責任，可將制程管理作業人員分為 3 組，如表 6-3 所示。制程管理的常用檢查方式，如表 6-4 所示。

表 6-2　制程管理的作業人員責任

序號	作業人員	責任
1	作業員	設定開工生產條件，檢查第一件製品，查核生產條件，處置生產異常
2	班組長	覆核開工時的生產條件，監督生產管制情形，指示處置異常
3	工廠主管	查閱管制圖，判斷管制情況，追查原因，指示處置措施，覆核處置效果
4	品管員	覆核第一件製品檢查，覆核生產條件，抽試產品，繪製管制圖，填發異常通知單，調查處置結果
5	品質主管	管制測試儀器及測試方法，調配品管員，調查管制情形，報告品質問題

表 6-3　制程管理作業人員分組

序號	組別	責任說明
1	線上操作組	除線上操作，還需查視本身工作，發現變異，立即矯正。查核本身製品，能夠使用必要儀器及設備
2	線上品管檢驗組	負責第一次檢驗，巡迴檢驗，查找問題，提供檢驗記錄數據，並提示制程狀況，隨機抽檢制程使用物料品質
3	試驗組	擔任化學、物理及非破壞性試驗等工作，提供檢驗記錄數據及有關報告，校正和保養管理試驗儀器和設備

表 6-4　制程管理的常用檢查方式

序號	檢查方式	說明
1	首件檢查	剛開機時或停機後再開時進行的檢查
2	自主檢查	作業員對自身作業進行的檢查
3	順序檢查	下道工序作業員檢查上道工序作業員的作業
4	巡迴檢查	由工廠管理人員或品管人員進行定時或不定時檢查
5	實驗室檢查	線上無法檢查的項目，可以轉至實驗室檢查
6	成品檢查	品管人員對成品進行的檢查

實施制程管理，應注意以下內容：

⑴使作業人員充分瞭解作業標準及制程管理標準。

⑵定期校正檢測儀器，以保證其準確性。

⑶全部檢查首件並作記錄，經班組長確認合格後繼續生產。

⑷巡迴檢驗員定時進行覆查，確保各項管制確實無誤。

⑸品質主管、生產主管經常檢視制程管理的落實和執行情況。

⑹記錄各種檢驗結果，並報告有關人員。

⑺發生異常時應迅速聯絡有關人員，追查原因，及時矯正，妥善處理異常品，並提報處理結果。

第三節　交期管理制度的建立與推動

　　透過相應管理制度的約束和控制，可確保產品的交貨期。交期管理制度，主要包括產前有計劃、產中有控制、產後有總結。

1. 生產前有計劃

　　產前計劃是投入生產之前所進行的各項工作安排、工作佈置和資源分配。主要包括生產訂單排序、生產日程安排、部門工作任務分配、人員配置、設備配置、物料供應計劃、技術資料及圖紙準備和生產場地規劃等內容。

　　產前計劃必須在制訂、覆核、審批、發放、監控和修訂等方面加強管理。

表 6-5　產前計劃的分類

序號	分類標準	分類
1	時間	年計劃、月(季)計劃、週計劃和日計劃
2	部門	生產部計劃、工廠計劃和班組計劃
3	內容	生產進度計劃、設備計劃和人員計劃

表 6-6　生產計劃管理的內容

序號	內容	說明
1	制訂	根據企業總體規劃、客戶訂單和銷售情況，制訂月生產排程，月生產排程包括訂單編排、生產時間、交貨日期和工序交接時間等內容
2	覆核	計劃制訂之後，需經生產經理覆核並與行銷部門、物料部門、生產工廠和客戶代表充分溝通，確保其可行性
3	審批	生產計劃覆核之後，需由生產副總審批，強化其嚴肅性和指令性
4	發放	生產計劃批准後，由行政部組織發放給生產部及所屬工廠、品質部、物控部、採購部、銷售部、財務部和倉庫等部門
5	監控	生產計劃發放之後，各個部門應立即執行，由生產副總或總經理監督。生產部所屬工廠的工作由生產部監督、跟蹤、統計和協調
6	修訂	計劃執行過程中，如果出現必要的生產插單或不可抗因素需要修改計劃的，由生產部參照生產計劃制訂程序進行

2. 生產中有控制

產中控制包括以下兩個方面的含義。

(1)生產監督與檢查

檢查和督導生產過程中的進度、品質、設備、材料、人員、作業方法和現場管理等問題，及時發現生產問題並儘快協調解決。生產監督與檢查的常用方法包括現場巡視檢查、生產進度日報、部門工作報告表和基層管理人員及員工生產情況彙報。

實施生產監督與檢查，應注意以下內容：

①各級管理人員應注重生產監督檢查對生產管理的重要作用。

②定期、定時巡視檢查生產工廠。

③工廠巡視檢查應目的明確，做好巡視記錄，及時向上級彙報。

④對於重大問題，應立即召集有關人員就地解決。

(2)生產協調與控制

生產協調的主要內容，如表 6-7 所示。

表 6-7　生產協調的主要內容

序號	主要內容	說明
1	交期協調	因特殊原因協調交期
2	進度協調	更換不同產品或訂單的先後進度，協調同一產品不同工序間的進度
3	任務協調	協調部門之間的工作任務不平衡
4	產品協調	更換產品品種或增減產品數量
5	設備協調	協調設備使用時發生的衝突
6	物料協調	協調物料供貨期和物料品質，更換不合格物料
7	技術協調	協調某些不適合批量生產或不完善的技術，或者按客戶要求更改技術
8	品質協調	討論品質標準和達到品質標準的方法和手段
9	時間協調	因生產需要進行非常規的時間安排，例如加班
10	人員協調	協調某些部門人員過剩或某些部門人員不足的情況

即以生產計劃為依據，通過統計數據分析和生產監控，積極預防和改善訂單生產問題，以及可能出現的生產滯後、品質及材料等問題。生產協調的常用手段包括：生產異動報表、生產協調會和協調通知單。

生產協調與控制工作應遵循以下基本要求：

①各個工廠或工序出現的影響生產進度或產品品質的任何情況，必須第一時間上報生產部。問題嚴重的，應同時上報生產副總

或總經理。

②生產部接到報告之後,應書面彙報,同時提出初步解決方案。

③如需其他部門協助,應填寫《協調通知單》。

④跟單員應深入現場瞭解訂單完成情況,對照計劃進行審查,並及時彙報。

⑤生產經理負責有關協調工作,全面處理生產異常問題。

⑥對於生產問題的瞞報和漏報,以致於影響到生產進度和生產交期,應追究有關部門及人員的責任,嚴肅處理。

3. 生產後有總結

產後總結是生產計劃完成情況的全面歸納和評估。產後總結的分類,如表 6-8 所示。

表 6-8　產後總結的分類

序號	分類標準	分類
1	時間	年總結、季總結、月總結和週總結
2	部門	各部門工作總結、各工廠工作總結和各班組工作總結
3	內容	訂單總結、生產線工作總結和單項工作總結

產後總結主要包括三個方面的內容:

⑴訂單總結。詳細總結生產過程中的物料成本、人員投入、品質問題、技術問題、日產量和產品合格率。

⑵月計劃總結。詳細總結月計劃生產完成情況。

⑶部門工作總結。總結和分析部門的工作情況。

產後總結的目的是瞭解計劃完成情況,找出差距與不足,正確評估工作進展,提供考核依據,為生產工作安排提供有關參數。

4. 生產過程有數據化

生產數據化管理要求生產數據報表完整,並根據這些報表及數據,應用數理統計的方法,判斷影響產品品質和完成期的因素,從中找出規律性。

實施生產數據化管理的步驟,如表 6-9 所示。

表 6-9　實施生產數據化管理的步驟

序號	步驟	說明
1	確定標準技術參數	根據相應標準,結合實際,確定各個工序的標準技術參數,包括原材料標準技術參數、產品分級和包裝標準技術參數、產品質檢標準技術參數和模具使用標準技術參數
2	數據統計	根據生產技術報表數據,按影響產品品質的主要項目進行抽樣統計和匯總。統計數據的範圍包括原材料採購到成品包裝的整個過程
3	數據分析及應用	根據產品生產流程和相關統計資料,按照相應的工廠、班組和王序,以生產報表中產品品質和進度指標,對比各個技術參數值,觀察產品品質和進度與各個參數值之間的變化規律,找出影響產品生產進度與品質的主要參數,應用數理統計分析方法,調整參數,尋求提高產品品質與生產進度的最佳組合,以指導生產

第四節　產品交期控制規定

第 1 章　總則

第 1 條　目的

為遵守和客戶簽訂的交貨期，保質、保量、按時完成生產任務，特制定本規定。

第 2 條　適用範圍

本規定適用於對工廠生產產品交期控制管理的工作。

第 3 條　職責

生產現場交期的控制由生產部及工廠計劃調度人員負責。

第 2 章　交期設定

第 4 條　銷售部依據「產能負荷分析」、「出貨日程表」、生產部意見、客戶需求等確定產品銷售交期。

第 5 條　生產部依據「排程原則」及「產能負荷分析」編制「生產計劃」，確定生產交期。

第 6 條　緊急訂單須先與相關部門協調後排定交期。

第 7 條　生產現場確定交期的重要內容就是編制產品出產進度計劃，其具體編制規範請參照本工廠的「生產計劃編制規範」。

第 3 章　交期過程溝通與監督

第 8 條　在生產作業的過程中，班組長需時刻注意與相關人員進行溝通，並儘快獲得回饋，以便形成準確的判斷，及時做出正確的決策。

第 9 條　生產交期溝通流程如圖 6-1 所示。

圖 6-1 生產交期溝通流程示意圖

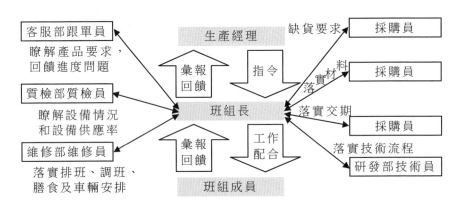

第 10 條　監督交期工作的原則

1. 提前計劃性。

2. 準確及時性。

3. 全面完整性，具備相關的跟蹤方法和記錄。

第 11 條　進度落後處理方法

1. 提升產能，必要時增加輪班，部份工作考慮委託外廠加工。

2. 調整出貨計劃。

3. 減少緊急訂單的插入。

4. 延長工作時間或於休假日調班。

第 4 章　交期的變更

第 12 條　交期變更的方式

1. 訂單減少或生產計劃提前，導致交期提前。

2. 訂單增加、中途插單、計劃延遲或計劃暫停，導致交期延後。

3. 生產作業計劃無期限擱置或訂單取消，導致交期取消。

第 13 條　生產部及工廠依據對交期異常的原因分析，採取相

應的對策。

第 14 條　影響交期的責任部門或責任人向生產部經理呈報「延遲報告」，以便生產部與銷售部協調交期的修正事宜。

第五節　（案例）製造公司的客戶訂單處理

某香精製造公司早在 1982 年就應用電腦輔助企業管理，開發了以香精配方的生產測方、生產計劃、原料庫存管理等為主要功能的第一代信息系統。至 2003 年，經過 4 次升級改版，公司已在日常運作管理的某些環節應用了信息技術，為實施 ERP 系統打下了基礎。

近十幾年來，香精市場隨著經濟的持續高速增長呈現出客戶需求多樣化、規模不斷擴大的趨勢，進入企業增多和競爭日益加劇的局面，香精企業普遍面臨著生產成本上升和利潤下降的壓力。該公司雖有知名品牌和廣泛的行銷管道，也感到了前所未有的市場競爭壓力，在企業內部，客戶訂單回應、庫存積壓處理和原料採購管理等方面面臨諸多棘手的管理問題。

香精企業與一般的製造業相比，原料種類常達數千甚至上萬，原料庫存量變化大；有的原料國內採購當天可送到，有的需要進口，可能數月才能到貨，採購週期長短不一；產品香氣類型繁多，一家大型香精生產企業擁有上萬個香精配方不足為奇；原料和產品種類眾多，為了及時滿足下游客戶需求，導致儲備的原料種類多、

數量大,資金佔用隨之增大。由於下游客戶數量多、規模參差不齊、需求變化快,在實際生產中,大型香精企業往往會一日數次追加或更改生產任務。這些特殊性集中於原料採購,表現為較高的原料需求不確定性和緊急性,加大了採購管理難度。

2003 年,該公司得到董事會的批准,啟動全面提升企業信息系統,構建新一代的企業級 ERP 系統的項目,通過進一步改進內部管理提高生產效率,降低成本,提高客戶服務水準,加強競爭能力,應對市場的競爭。

1. 原有信息系統中的客戶訂單處理功能

該公司原有的信息系統具有客戶訂單管理功能,其訂單處理流程的主要環節如下:

⑴銷售員與客戶洽談。其主要手段是電話、傳真和郵件,洽談內容包括客戶需求的品種、數量、交貨日期等。

⑵客戶訂單確認。銷售員將數據確認的客戶訂單報送銷售計劃員做銷售計劃。很多訂單的交貨日期模糊不清,如某月、某旬,有些還只是一個意向,沒有交貨的日期,致使銷售員手頭積壓著較多的交貨日期模糊的客戶訂單。

⑶銷售要貨計劃編制。銷售計劃員集中書面的客戶訂單,將其中的主要數據輸入銷售計劃子系統,系統按交貨日期和生產週期,每天產生新的銷售要貨計劃表。

⑷生產計劃員使用生產管理子系統,從銷售要貨計劃中摘出新的、有變化的記錄,更新月生產計劃表。

⑸生產計劃員的第二項工作是根據月生產計劃表,通過生產管理子系統的測試功能對每一筆生產任務進行產品的原料測算,如有

足夠的原料就安排生產，編制生產作業計劃，列印後送工廠執行。

　　(6)對原料無法滿足需求的生產計劃任務，生產計劃員以書面形式向採購部門提出原料採購需求。

　　該訂單處理功能在數據結構上設有客戶訂單、銷售要貨計劃、生產計劃、作業安排等數據表，各有關部門的人員只看到相應的數據表。在訂單處理的前端，銷售員不使用電腦，因此，銷售計劃員是系統前端的用戶。生產管理子系統與原料管理子系統之間，只有後者向前者提供的原料庫存數據，生產缺料數據則未包含在系統中。

　　顯然，原有信息系統在客戶訂單的完整性、生產計劃與原料採購管理之間的信息交互等方面存在不足，客戶訂單處理功能已不能適應新的環境變化和公司期望的客戶服務改進目標。

2.貫穿於 ERP 系統中的客戶訂單處理功能

　　在客戶需求多樣化和市場競爭日益加劇的背景下，公司為了提高客戶服務的水準，決定將客戶訂單管理作為 ERP 系統方案的一個重點內容予以精心設計。因此，公司的市場、銷售、生產、採購和信息管理等部門與開發商一起圍繞客戶訂單狀態的確認、執行進程、部門間協作等要點進行了分析和討論，期望 ERP 系統中客戶訂單管理能對客戶服務的水準有一個實質性的提高。

　　根據新的系統需求，經過公司各部門有關管理人員與開發商的研究，提出了稱之為「貫穿於 ERP 系統中的客戶訂單處理功能」的方案，該方案的邏輯如圖 6-2 所示。該 ERP 系統方案在銷售管理、生產計劃和原料採購等業務之間也設計了動態的數據交互，以實現各部門的數據共用(見圖 6-3)。

圖 6-2　貫穿於 ERP 系統中的客戶訂單處理功能

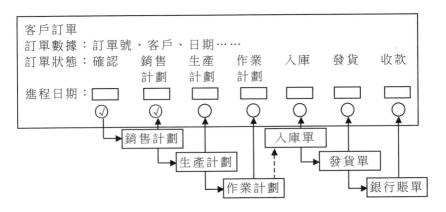

圖 6-3　客戶訂單與原料採購業務流程主線

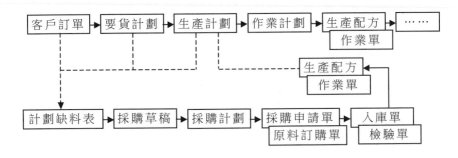

新的客戶訂單處理功能的主要特點有：

⑴設置客戶訂單進程變數。該系統為客戶訂單附加了一系列狀態變數，訂單每前進一個階段就標註相應的完成標誌和日期。

⑵各部門的管理人員共用客戶訂單數據。通過訂單的狀態標誌，可以瞭解和控制訂單的執行進程。

⑶銷售員直接將所有接到的客戶訂單數據輸入系統，對交貨日

期模糊的客戶訂單，系統將進行模糊處理，以界定出盡可能明確的交貨日期或交貨時段。

⑷根據客戶訂單、銷售要貨計劃、生產計劃，按不同的等級自動生成原料缺料表，為原料採購提供依據。

⑸該系統還能對訂單的執行狀態進行排序和預警，對訂單執行效率和正確性的提高產生作用。

心得欄

第 7 章

緊急生產計劃的管理

　　企業因應訂單改變，常制訂緊急生產計劃。緊急生產的作業，要注意時間計劃和勞力安排，使用看板管理推動緊急生產過程，採用責任制以保障緊急生產的產品品質。

第一節　制訂緊急計劃的前期準備

一、緊急生產的決策會議

　　緊急生產的決策會議是對緊急生產的具體情況進行分析、討論與決策的過程。召開緊急生產的決策會議需要明確會議的參與者、主題、議事程序、討論要點和成果五個部份的內容，如表 7-1 所示。

表 7-1 緊急生產的決策會議

序號	內容	說明
1	確定參與者	緊急生產決策會議的參與者包括：企業的高層領導、生產主管、財務主管、行政主管、技術主管、品質主管、銷售主管、人事主管、採購主管、班組長、庫存管理人員以及作業人員代表等
2	確定主題	明確緊急生產的思路
3	議事程序	企業的高層主管說明此次會議的主題，表明高層對此次緊急生產的態度 銷售主管對此次緊急生產任務做具體陳述，指出訂單的數量、日期以及要求 生產主管對企業的生產能力情況做簡要陳述，如果生產系統目前正在執行生產計劃，告知緊急生產可能帶來的影響以及如何安排這兩項生產任務——正在執行的生產任務和緊急生產任務；如果生產系統目前沒有生產計劃，告知正常情況下，緊急生產任務需要多長的生產週期 技術主管需要確認企業的生產技術能否滿足緊急生產的生產要求，以及應當採取的相應措施 庫存管理人員和採購人員分別陳述原料和產品的庫存情況、原料供應商的供貨情況 物流主管陳述配合緊急生產的運輸方法以及應得到的支持 品質主管確認緊急生產過程中產品品質的控制工作，闡述產品品質與生產速度的平衡方法 行政主管配合生產系統簡述緊急生產的後勤保障工作及相應的措施 人事主管陳述員工的擴充能力（招聘臨時工），以及緊急生產時的績效考核方法 班組長和作業人員代表陳述他們對此次緊急生產作業的態度和信心，以及需要得到的支援

續表

3	議事程序	11.財務主管陳述財務部門將全力支援緊急生產，做好薪資和績效的調整工作，快速批放緊急生產所需的資金 12.企業的高層主管總結此次談話，根據各主管陳述的資訊，對緊急生產做更進一步的規劃和要求 13.生產主管站在生產系統的立場，根據各主管陳述的資訊，指出影響緊急生產的關鍵因素以及需要得到的支援 14.與會者一起商討成立緊急生產管理小組的事宜，由高層主管宣佈成立緊急生產小組，確定小組的成員、工作權責和工作內容
4	討論要點	如何合理安排緊急生產任務 如何有效執行原有的生產計劃 那些方案能夠有效提升緊急生產的產能 按此計劃，多長時間能完成緊急生產任務，可能遇到的困難有那些
5	會議成果	明確緊急生產的作業安排的思路 預估緊急生產的完成時間，以及可能遇到的困難 列出緊急生產所需的資源和支持 明確各個部門下一步的工作內容和目標 5.成立緊急生產小組

此外，緊急生產會議可分四個階段進行，並對每次會議的決議進行記錄(會議決議記錄表如表 7-2 所示)。

⑴討論會議。主要討論緊急生產所需的資源，可能遇到的困難，以及要完成緊急生產任務應採取的措施。

⑵決策會議。指定負責人制訂緊急生產計劃，協調利用各種資源。

⑶執行會議。檢查各種資源的準備情況，明確緊急生產思路，

正式開始緊急生產。

⑷臨時會議。就緊急生產過程中的棘手問題，召開臨時會議，商討解決辦法。

表 7-2　會議決議記錄表

（會議名稱）	
時　間	
地　點	
席人	
主持人	
記錄人	
會議發言記錄	
形成決議	
主持人（簽名）　　　　　　　記錄人（簽名）	

二、成立緊急生產管理小組

緊急生產管理小組是緊急生產的主要責任部門，工作內容包括獲取緊急生產所需的資源、制訂緊急生產計劃、指導和監督緊急生產過程、控制緊急生產結果。

緊急生產管理小組組建的步驟，如表 7-3 所示。

1. 緊急生產管理小組的成員

緊急生產管理小組的組織結構，如圖 7-1 所示。

表 7-3　緊急生產管理小組組建的步驟

步驟	內容	說明
1	確定緊急生產管理小組的成員	由副總經理、財務主管、生產主管、行政主管、銷售主管、人事主管、技術主管、品質主管、班組長、採購和庫存主管、物流主管構成
2	確定緊急生產管理小組的工作內容	主要負責緊急生產的計劃、組織、實施和評估工作
3	確定緊急生產管理小組的權責	緊急生產管理小組的各個成員，按照不同的分工，擁有不同的工作權限，承擔不同的工作責任

圖 7-1　緊急生產管理小組的組織結構

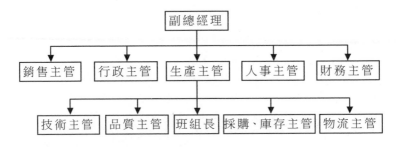

2.緊急生產管理小組的工作內容

緊急生產管理小組作為臨時成立的組織，主要負責緊急生產的計劃、組織、實施和評估工作。

緊急生產管理小組的工作內容，如表 7-4 所示。

表 7-4　緊急生產管理小組的工作內容

序號	內容	說明
1	計劃	根據生產資源，制訂緊急生產的計劃
2	組織	根據緊急生產計劃的內容，準備緊急生產所需的勞動力、原料、設備、作業場所、後勤保障以及外協力等資源，召開動員大會，提高生產積極性
3	實施	指導員工按照操作規程生產，做好存貨控制、品質控制、進度控制和成本控制，按時完成生產任務，並實施績效評估
4	評估	評估此次緊急生產的得失，改善不足，並積累經驗，以提高緊急生產的應對能力

3. 緊急生產管理小組的工作權責

緊急生產管理小組各個成員的工作權責，如表 7-5 所示。

表 7-5　緊急生產管理小組各個成員的工作權責

序號	成員	職位	權責
1	副總經理	組長	根據總經理的指示，全面負責緊急生產的規劃與協調工作，是緊急生產的直接責任人
2	生產主管	副組長	制訂緊急生產作業方案，安排、指導和監督生產系統各個部門主管的工作，完成組長下達的任務和要求
3	財務主管	成員	負責緊急生產所需資金的審核和發放
4	銷售主管	成員	與客戶保持有效溝通，及時解決緊急生產過程中的難題
5	行政主管	成員	做好員工的後勤保障工作
6	人事主管	成員	招聘臨時工，制訂績效制度
7	技術主管	成員	確保生產技術符合客戶的要求，且便於作業人員操作，做好設備的維修工作
8	品質主管	成員	制訂操作規程，監督緊急生產過程，並控制產品的品質
9	班組長	成員	下達緊急生產任務，指導和監督作業人員的工作
10	採購、庫存主管	成員	保證及時供應原料
11	物流主管	成員	負責物料、半成品和成品的運輸

第二節　制訂緊急生產計劃

一、審核和調整原生產計劃

緊急生產必然對原生產計劃產生影響，企業應審核和調整原生產計劃，重新分配生產資源，降低緊急生產對原生產計劃的影響，確保這兩項生產計劃都順利執行。

1.審核原生產計劃

原生產計劃直接反映企業計劃期內生產活動的要求，包括品種、品質、產量與產值等內容，如表 7-6 所示。

表 7-6　原生產計劃表

銷售類別：□內銷　□外銷　　日期：＿＿年＿月＿日　　共＿頁第＿頁

項目 \ 月別		＿＿月		＿＿月		＿＿月		＿＿月	
產品	品種	批量	數量	批量	數量	批量	數量	批量	數量

說明：　生產計劃週期：3 個月

　　　　編制日期：每月 20 日提出

　　　　批量：訂單號、計劃批量

審核原生產計劃的內容，如表 7-7 所示。

表 7-7　審核原生產計劃的內容

序號	內容	說明
1	產品品種指標	產品品種指標指企業在原計劃期內應生產的品種的名稱和數目。品種指標表明企業在品種方面滿足社會需要的程度，反映企業的專業化協作水準、技術水準和管理水準
2	產品品質指標	產品品質指標指企業在原計劃期內各種產品應達到的品質標準。它反映產品的內在品質（例如機械性能、工作精度、使用壽命和使用經濟性等）及外觀品質（例如產品的外形、顏色和包裝等）。產品品質是衡量產品使用價值的重要標誌
3	產品產量指標	產品產量指標指企業在原計劃期內應生產的工業產品的實物數量和工業性勞務的數量。產品產量指標通常採用實物單位或假定實物單位來計量，是企業進行供、產、銷平衡，編制生產作業計劃和組織日常生產的重要依據
4	產值指標	產值指標指綜合反映企業生產成果的價值指標。企業產值指標包括商品產值、總產值與淨產值三種形式。商品產值指企業在計劃期內應出產的產品和工業性勞務的價值；總產值是用貨幣表現的企業在計劃期內應該完成的工作總量；淨產值指企業在計劃期內新創造的價值

2. 調整原生產計劃

調整原生產計劃的方式包括保持不變、暫停、延遲、外包、外購和利用庫存六種，如表 7-8 所示。及時填寫《生產計劃變更通知單》，將調整事項告知相關部門及人員，見表 7-9。對原生產計劃做出調整後，要按照《計劃變更的作業規定》，如表 7-10 所示。

表 7-8 調整原生產計劃的方式

序號	方式	說明
1	保持不變	按照原計劃照常生產，按時交貨
2	暫停	暫時停止原生產計劃，重新執行原生產計劃時增加作業人數和作業時間，或者將部份或全部生產任務外包給其他工廠，按時交貨
3	延遲	暫時停止原生產計劃，延遲交貨時間
4	外包	將部份或全部的原生產任務外包給其他工廠，做好品質控制，按時交貨
5	外購	外購原生產任務所需的部份或全部零件，組裝成成品，節省時間，按時交貨
6	利用庫存	調出庫存成品，減少原生產任務，並選擇自製生產、外包或外購的方式生產，按時交貨

表 7-9 生產計劃變更通知單

收文單位（個人）＿＿＿＿＿＿＿＿＿　　編號＿＿＿＿＿＿　　日期＿＿＿＿

工令號碼	生產線別	原計劃			變更後			備註
		品名	數量	生產日期	品名	數量	生產日期	

表 7-10　計劃變更的作業規定

序號	部門	作業內容
1	生產管理部	(1)發出《生產計劃變更通知單》 (2)修改週生產計劃、月生產計劃 (3)確認並追蹤變更後的物料需求狀況 (4)協調各部門進行工作調整
2	銷售部	(1)相應修改出貨計劃或銷售計劃 (2)確認變更後各訂單是否能夠確保交期 (3)處理因此而產生的需要與客戶溝通的事宜 (4)處理出貨安排的各項事務
3	研發部	(1)確認產品設計、開發進度能否確保生產需要 (2)確認技術資料的完整性、及時性
4	技術部	(1)確認生產技術、作業標準的及時性、完整性 (2)確認設備狀況 (3)確認工裝夾具狀況 (4)確認技術變更狀況
5	品管部	(1)確認檢驗規範、檢驗標準的完整性 (2)確認檢驗、試驗設備的狀況 (3)查核品質歷史檔案，瞭解重大歷史事故 (4)安排品質控制重點
6	採購部	(1)確認物料供應狀況 (2)處理與供應廠商的溝通事宜
7	物料部	(1)確認庫存物料狀況 (2)負責現場多餘物料的接收、保管、清退事宜 (3)其他物料倉儲事宜
8	生產部	(1)處理變更前後物料的盤點、清退、處理事宜 (2)生產任務安排調整 (3)進行必要的人力、設備的調度 (4)確保變更後的計劃順利完成

二、緊急生產計劃的制訂程序

緊急生產計劃的制訂程序，如表 7-11 所示。

表 7-11　緊急生產計劃的制訂程序

序號	程序	說明
1	調查與準備	1. 緊急生產計劃期的產品銷量、上期合約執行情況及成品庫存量
		2. 上期生產計劃的完成情況
		3. 技術措施計劃與執行情況
		4. 計劃緊急生產能力與產品工時定額
		5. 收集產品試製、物資供應、設備檢修和勞動力調度等方面的資料
		備註：收集資料的同時，應認真總結執行上期計劃時的經驗和教訓，研究此次緊急生產計劃中的具體措施
2	統籌安排，初定緊急生產計劃的指標	立足於提高緊急生產的產能，對緊急生產任務做出統籌安排，確定和優選產量指標，合理安排產品出產進度，科學搭配緊急生產計劃與原有生產計劃，將緊急生產任務的生產指標分解為各個分廠、工廠的生產指標，相互聯繫，同時進行
3	綜合平衡，確定緊急生產計劃的指標	1. 核算企業的設備、生產面積對緊急生產任務的保證程度，平衡緊急生產任務與緊急生產能力的關係
		2. 核算勞動力的工種、數量，平衡緊急生產任務與勞動力之間的關係
		3. 核算原材料、勞動力、工具和外協件對緊急生產任務的保證程度，以及緊急生產任務與材料消耗水準的適應程度，平衡緊急生產任務與物資供應之間的關係
		4. 核算產品試製、技術準備、設備維修和技術措施等與緊急生產任務的適應和銜接程度，平衡緊急生產任務與生產技術的關係
		5. 核算流動資金對緊急生產任務的保證程度，平衡緊急生產任務與資金佔用的關係

第三節　緊急生產的作業安排

　　時間和勞動力是緊急生產必備的資源和關鍵影響因素，勞動力安排應以時間計劃為依據。

1. 時間計劃

　　時間計劃以緊急生產的交期為目標，將緊急生產任務有效分解，合理分配，以達到完成生產任務的目的。緊急生產的時間可分為正常班次時間、加班生產時間和外包生產時間，如圖 7-2 所示。

圖 7-2　緊急生產的時間構成

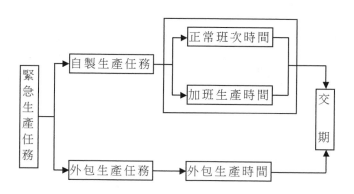

　　⑴正常班次時間計劃的主要內容包括作業人數、作業時間和作業指標。

　　⑵加班時間計劃的主要內容包括增加的作業人數、作業時間和作業指標。

　　⑶外包生產時間＝緊急生產任務所需的總時間（交期之內）－正常班次時間＋加班時間。

2.勞力安排

生產計劃由勞動力執行，生產時間固定後，勞動力的安排將直接影響緊急生產的效率。

(1)編制勞力定員

勞力定員的範圍包括從事生產、技術、管理和服務等工作的基本生產員工、輔助員工、工程技術人員、管理人員和後勤人員。

編制勞動力定員的方法，如表 7-12 所示。

表 7-12　編制勞動力定員的方法

序號	方法	說明	計算公式
1	按勞動效率定員	根據生產計劃規定的生產任務和員工的勞動效率計算。計劃期應完成的生產任務以產量或工時表示。員工勞動效率，即勞動定額，採用的表示形式與生產任務的表示形式相同	定員人數＝計劃期應完成的生產任務/(員工的勞動效率×出勤率)
2	按設備定員	根據機器設備的數量和員工的看管定額(員工在單位時間內同時看管的設備數量)計算定員人數	定員人員＝(為完成生產任務所必須開動的設備台數×每台設備的開動班次)/(員工的看管定額×出勤率)
3	按工作崗位定員	根據崗位數量及工作量、勞動效率、開動班次和出勤率等計算定員人數	
4	按比例定員	按某一類人員的比例，計算某些非直接生產人員定員人數	
5	按組織、機械、職責範圍和業務分工定員	主要用於確定生產管理人員和工程技術人員的定員人數	

(2)實現彈性作業

企業要根據常規生產與緊急生產交替出現的特點，充分發揮企業的靈活性，以實現彈性作業，達到降低運作成本的目的。

提高彈性作業能力的方法包括以下幾種，如表 7-13 所示。

表 7-13　提高彈性作業能力的方法

序號	方法	說明
1	隨時增加作業人數	與勞務市場保持良好的合作關係，建立臨時工檔案，制訂有競爭力的臨時用工制度
2	員工自願加班加點	做好激勵工作，關心和尊重員工，注重企業文化建設，使他們的價值觀與企業保持一致
3	預留足夠的作業場所	借鑑成功企業的作業空間佈置辦法，預留一定的作業場所，供緊急生產備用。
4	快速擴充生產設備	預留一部份的生產設備，或快速購置生產設備
5	快速獲得生產原料	保持一定的原料庫存量，與原料供應商保持良好的合作關係，隨時供貨
6	科學佈置設備	U 型佈置設備。生產線的入口和出口處於同一個位置，減少不必要走動，防止時間的浪費
7	科學的作業方式	採用站立、流水線的作業方式，減少生產停頓
8	與外包企業建立合作關係	與外包企業建立良好的合作關係，定期溝通，保證優先生產權

第四節　用看板管理推動緊急生產過程

1. 看板的定義

看板旨在傳達何物、何時、以何種方式生產等資訊，主要包括產品名稱、產品品種、產品數量、生產線名稱、前後工序名稱、生產方法、運送時間、運送方式和存放地點等內容。

根據功能和應用對象不同，看板可分為不同類型，如圖 7-3 所示。

圖 7-3　看板的種類

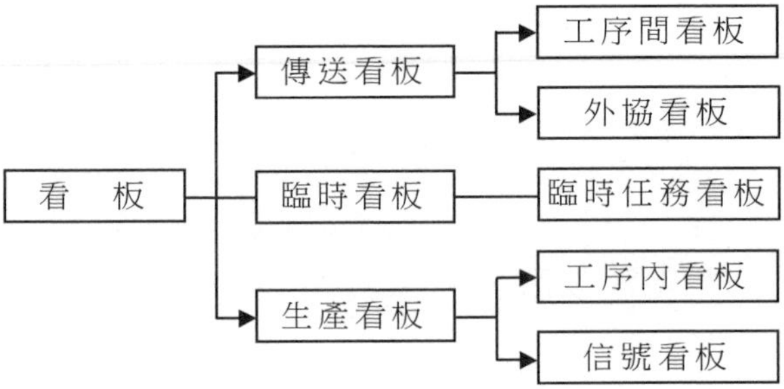

⑴工序內看板

工序內看板是緊急生產工序在加工工序時所用的看板。這種看板用於裝配線或作業更換時間接近於零的工序，例如機加工工序等。表 7-14 提供某企業緊急生產作業中工序內看板，以供參考。

表 7-14 某企業緊急生產作業中的工序內看板

(零件示意圖)		工序	前工序——本工序	
			熱處理	機加工 1#
		名稱	A233－3670B(聯接機芯輔助芯)	
管理號	M－3	箱內數	20	發行張數	2/5

(2)信號看板

信號看板是傳遞產品生產數量資訊的看板。

(3)工序間看板

工序間看板是後工序到前工序領取所需的零件時使用的看板。表 7-15 為某企業的工序間看板，前工序為部件 1#線，本工序總裝 2#線，所需要的是號碼為 A232-6085C 的零件，根據看板就可到前一道工序領取。

表 7-15 某企業緊急生產作業中的工序間看板

前工序 部件 1#線	零件號：A232-6085C (上蓋板)	使用工序總裝 2#
出口位置號 (POST NO.12-2)	箱型：3 型(綠色) 標準箱內數：12 個箱 看板編號：2#/5 張	入口位置號 (POST NO.4-)

(4)外協看板

外協看板與工序間看板類似，只是「前工序」不是內部的工序而是供應商。

(5)臨時看板

臨時看板是在進行設備保全、設備修理、臨時任務或須加班生產時所使用的看板。與其他種類的看板不同的是，臨時看板主要是

為了完成非計劃內的生產或設備維護等任務,因而靈活性比較大。

2. 看板的使用方法

因為看板的種類不同,所以看板的使用方法也不相同。看板的使用方法,如圖 7-4 所示。

圖 7-4　看板的使用方法

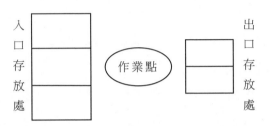

從圖 7-4 可以看出,在使用看板時,每一個傳送看板只對應一種零件,每種零件總是存放在規定的、相應的容器內。因此,每個傳送看板對應的容器也是一定的。

⑴工序內看板的使用方法

工序內看板必須隨實物即與產品一起移動。後工序來領取中間品時摘下掛在產品上的工序內看板,然後掛上領取用的工序間看板。該工序然後按照看板被摘下的順序以及這些看板所表示的數量進行生產,如果摘下的看板數量變為零,則停止生產,這樣既不會延遲也不會產生過量的存儲。

⑵信號看板的使用方法

信號看板掛在成批製作出的產品上面。如果該批產品的數量減少到基準數時就摘下看板,送回到生產工序,然後生產工序按照該看板的指示開始生產。沒有摘牌則說明數量足夠,不需要再生產。

(3)工序間看板的使用方法

工序間看板掛在從前工序領來的零件的箱子上，當該零件被使用後，取下看板，放到設置在作業場地的看板回收箱內。看板回收箱中的工序間看板所表示的意思是「該零件已被使用，請補充」。現場管理人員定時來回收看板，集中起來後再分送到各個相應的前工序，以便領取需要補充的零件。

(4)外協看板的使用方法

外協看板回收以後，按各協作廠家分開，等各協作廠家來送貨時帶回，成為該廠下次的生產指示。在這種情況下，該批產品的進貨至少將會延遲一次以上，因此，須按照延遲的次數發放相應的看板數量。

3. 用看板推動緊急生產的過程

在緊急生產過程中，通過看板來傳遞資訊，從最後一道工序一步一步向前推動工序。

看板推動緊急生產的過程，如圖 7-5 所示。

圖 7-5　用看板推動緊急生產的過程

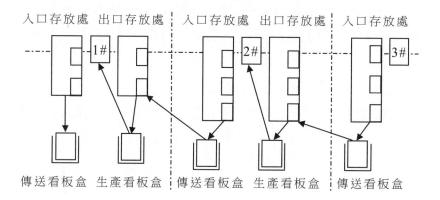

　　從圖 7-5 可以看出，緊急生產過程共有三道工序，從第三道工序的入口存放處向第二道工序的出口存放處傳遞資訊，第二道工序從其入口存放處向第一道工序出口存放處傳遞資訊，而第一道工序則從其入口存放處向原料庫領取原料。如此一來，透過看板就將整個緊急生產過程有機地組織起來。

4.看板的使用規則

　　在使用看板時，應遵循如下規則。

⑴後工序向前工序取貨。

⑵不良品不交給下道工序。

⑶前工序只生產後工序所領取數量的產品。

第五節　緊急訂單的物料需求

一、分析緊急生產的物料需求

　　分析緊急生產的物料需求首先要瞭解庫存和需求這兩個方面的資訊。庫存資訊包括現有庫存、計劃收到量和已分配量，需求資訊則是此次緊急生產項目的物料需求總量。

　　緊急生產的物料需求分析流程，如圖 7-6 所示。

　　從圖 7-6 中分析得出，如果「物料的可用量」大於或等於「用到什麼」，即企業的庫存物料能夠滿足緊急生產的物料要求，就必須立即訂貨；反之，應及時制訂《物料採購計劃》，即「買什麼」和「做什麼」。

圖 7-6　分析緊急生產物料需求的流程

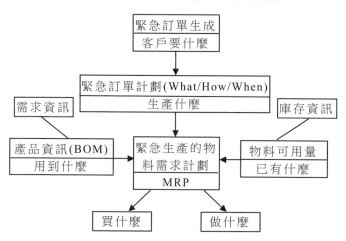

二、分析庫存物料和需求缺口

1. 庫存物料分析

庫存物料包括現有庫存、計劃收到量和庫存中已分配量。

表 7-16　庫存物料的構成

內容	指向	說明
庫存 資訊	現有庫存	通過倉庫盤點核算可直接用作緊急生產的物料量
	計劃收到量	之前已經向供應商下單但還未到貨的、可用作緊急生產的物料量
	庫存中 已分配量	可用作緊急生產的卻已經分配到其他生產計劃的物料量。緊急生產管理小組可視該生產計劃與緊急生產計劃的輕重緩急關係，將已經分配的物料作為緊急生產的物料

根據表 7-16 所示的內容，編制緊急生產的庫存物料明細表，如表 7-17 所示。

表 7-17　緊急生產的庫存物料明細表

NO：							日期：		
物料名稱：				填表人：				審批者：	
項目	件號	物料名稱	規格尺寸	材質	單價	數量	經濟產量	自製/外購	備註
總計	現有庫存的物料＿＿＿＿＿＿（物料名稱、規格）共計＿＿＿＿＿（數量）								
	計劃收到的物料＿＿＿＿＿＿（物料名稱、規格）共計＿＿＿＿＿（數量）								
	庫存中已分配的物料＿＿＿＿（物料名稱、規格）共計＿＿＿＿（數量）								

註：表中「備註」一欄填寫「現有庫存」、「計劃收到量」或「庫存中已分配的量」

2. 物料需求缺口

列出緊急生產所需的物料總量後，即可算出物料需求缺口，計算公式如圖 7-7 所示。

8888878

圖 7-7　緊急生產物料需求缺口的計算公式

計算公式

緊急生產的物料需求缺口	＝	緊急生產的物料總需求	－	緊急生產的物料可用量

緊急生產的物料可用量可等於「現有庫存」、「計劃收到量」和「庫存中已分配量」之和，但保守的數量應等於「現有庫存」的數量。如果緊急生產的任務十分緊迫，可將「庫存中已分配量」直接視為緊急生產用料，努力確保「計劃收到量」按時入庫，以滿足緊急生產的物料需求，避免停工待料的事件發生。

三、制訂緊急生產的物料需求清單

緊急生產多為突發訂單，因此，所需物料通常不能保證有存量。因此，要根據庫存物料和物料需求缺口制訂緊急生產物料需求清單，清單類型主要涉及到以下幾種。

1. 制訂緊急生產物料總需求清單

緊急生產物料總需求清單，如表 7-18 所示。

表 7-18　緊急生產的物料總需求清單

訂單號：_____　生產批號：_____　批量：_____　日期：_____　NO：_____

項次	品名	規格	單位用量	單位	購備時間	預計用量	調整量	請購量	需用日期	備註

共計	物料____(品名、規格)需___(單位)　物料___(品名、規格)需___(單位)
	物料____(品名、規格)需___(單位)　物料___(品名、規格)需___(單位)

批准/日期：_____　　審核：_____　　編制：_____

2.制訂緊急生產物料需求缺口清單

緊急生產物料需求缺口清單，如表 7-19 所示。

表 7-19　緊急生產的物料需求缺口清單

訂單號：_____　生產批號：_____　批量：_____　日期：_____　NO：_____

項目	件號	零件名稱	規格尺寸	材質	單價	數量	需用日期	備註

批准/日期：_____　　審核：_____　　編制：_____

3.制訂結構型零件清單

結構型零件清單，如表 7-20 所示。

表 7-20　結構型零件清單

組件名稱：＿＿＿＿＿　　組件編號：＿＿＿＿＿＿　　日期：＿＿＿＿＿

序號	零件編號	零件名稱	規格	單價	標準用量	供應商	需用日期	備註

審核：＿＿＿＿＿＿＿　　填表：＿＿＿＿＿

4. 填寫物料請購單

《緊急生產需求物料清單》和《結構型零件清單》製成後，應立即填寫《物料請購單》，並與供應商聯繫。

物料請購單，如表 7-21 所示。

表 7-21　物料請購單

日期：＿＿＿＿＿＿＿＿＿＿　　　　　　NO：＿＿＿＿＿＿＿

製單編號	物料代號	需求數量	庫存數量	請購數量	預定購進時間	備註

填表者：＿＿＿＿　　採購主管：＿＿＿＿　　緊急生產管理小組：＿＿＿＿

四、緊急生產物料採購管理

緊急生產物料採購管理的目的是在最短的時間內獲取緊急生產所需物料。緊急生產物料採購管理的關鍵是物料的價格、品質和供貨速度管理，如表 7-22 所示。

為保證物料的價格、品質和供應速度符合緊急生產的要求，應做好以下三項工作。

表 7-22　緊急生產物料採購管理的關鍵

序號	關鍵	說明
1	物料的價格管理	根據緊急生產的訂單報價、進度要求、加工成本等因素，設定須採購的物料的價格範圍，確保實現雙贏
2	物料的品質管制	審核供應商(包括外協廠)的物料是否滿足產品或服務品質要求，在所要求的技術水準上，對機械、工具和人力的可獲得性、品質保證體系的有效性進行審核
3	物料的供應速度管理	審核供應商(包括外協廠)所具備的生產能力和保證規定的交期的能力。採購部應依照詢價、訂購、交貨三個階段，依靠《採購進度控制表》控制採購作業進度，根據交貨日期，進行跟催，防止交期延遲。採購部未能按既定進度完成採購時，應填制《採購交貨延遲檢討表》，註明「異常原因」及「預定完成時間」，並立即擬定處理對策

1. 審核物料供應商

緊急生產的物料供應商分為一般供應商和外協廠商。

⑴一般供應商資料審核表

⑵外協廠商資料審查

外協廠商的審查包括品質、供應能力、價格和管理能力四個方面的審查。外協廠商資料審查表，如表 7-23 所示。

表 7-23　外協廠商資料審核表

廠商資料			
公司名稱		負責人	
公司位址、電話		工廠位址、電話	
營業執照		營業品名	
員工人數	管理者（　）人	操作者（　）人	
生產設備		備註：	

調查及評分				
調查內容			分值	評分
品質管理能力	品質管制觀念及質管組織		10	
	進料管理、制程管理		9	
	材料、成品保管及運輸		10	
	檢查、檢驗等各種標準		9	
	設備預防保養制度		6	
	檢驗儀器的精密度		6	
供應能力	設備規模、生產能力		5	
	技術水準、操作方法		5	
	過去供應是否按期		10	
	價格		15	
管理能力	組織制度		5	
	現場管理		5	
	財務狀況及經營情況		5	
總分 100 分		總計得分：＿＿＿分		
填表人：	調查人員：		調查日期：	

註：總得分在 70 分以上者可作為企業的協作廠商，協助緊急生產。

2. 緊急生產物料的採購流程

為提高緊急生產物料的採購效率，緊急生產管理小組應簡化物料採購流程。緊急生產物料的採購流程，如表 7-24 所示。

表 7-24　緊急生產物料採購流程

步驟	責任部門及責任人	步驟說明
1	生產部	生產主管根據緊急生產任務，向經理提交採購清單
2	生產部	副總經理審核採購申請及採購清單，確定是否批准
2.1	生產部	批准，交物流副總裁審核
2.2	生產部	未批准，說明原因，退回申請部門
3	採購經理	通過後，交採購部，根據供應商名錄，判斷現有供應商是否可以供貨
3.1	採購員	供應商可以供貨，採購人員與供應商協商供貨條件和價格
3.2	採購員	供應商無法供貨交主管，採購人員立即尋找在相關領域內名譽優良的供應商，轉詢價流程
3.2.1	採購經理	將供應商資訊和詢價結果上報副總經理，決定供應商和採購價格
4	採購員	根據確定的供應商及協商的供貨條件，填寫緊急採購供應商資訊表，交財務主管審核
5	財務部	財務主管審核緊急採購供應商資訊表、緊急採購清單，判斷是否合理
5.1	財務部	如果價格合理，交採購部處理
5.2	財務部	如果價格不合理，財務主管與副總經理及生產主管協調解決，是否有解決方案
5.2.1	財務部	有，則交採購部處理
5.2.2	採購部	無，則通報生產主管，另行決策方案
6	採購總經理	採購主管與供應商簽訂採購合約，轉合約的編制與審核流程
7	採購員	採購合約報送財務部
7.1	採購員	轉採購合約執行流程，並將緊急訂購的付款列入付款計劃
7.2	財務部	根據採購合約安排付款

3. 採購進度控制

為提高緊急生產的物料供應速度，採購負責人應依據《採購進度控制表》控制採購作業進度，避免物料供應延遲。

採購進度控制表，如表 7-25 所示。

表 7-25　採購進度控制表

序號	編號	品名	規格	單位	數量	需要日	詢價日	訂購日	交貨日	備註

此批物料的需用時間：_____　　填表人：_____　　日期：_____

若物料採購交期延遲，則應及時填制《採購交貨延遲檢討表》，如表 7-26 所示。

表 7-26　採購交貨延遲檢討表

序　　　號		請購部門		採購經辦	
品　　　名					
事　　　由				延遲天數	
出產企業				未　交　量	
說明(含保證事項)				最終完成情況	
請購部門意見					

五、緊急訂單的生產物料需求

物料的使用情況直接影響產品的品質。緊急生產管理小組應對
物料進行檢驗、分類，根據緊急生產的實際需求，決定物料的使用。

表 7-27　緊急生產物料的使用安排

序號	內容	說明
1	進行來料檢驗	供應商交貨時，對照供應商的「送貨單」，倉管員應按採購單的要求，點清品名、規格和數量
		倉庫將所收物料放入待檢暫存區，並在物料的合適位置貼上緊急進料標識卡，將供應商的「送貨單」送品管部(IQC)
		品管部接到「送貨單」後，按進料檢查作業指導書、來料檢查方案、樣板、圖紙等，進行進料檢驗工作，做好檢驗記錄，檢驗結果填入「IQC 檢驗報告單」
		對檢驗合格品，品管部按核對總和試驗狀態控制程序的規定在物料的合適位置貼上藍色的「品管部檢查合格」標籤，同時在「送貨單」的相關欄目簽上「檢查合格」字樣
2	根據緊急生產的實際需求，處理不合格品	來料整批或部份不合格時，品管部應將「IQC 檢驗報告單」交生產計劃科計劃員加簽急用的意見，然後呈品管部主管做出處理意見，最後報副總經理批准後執行。如果物料的不合格項不致引起客戶抱怨時，可作「特採」處理。品管部在該批物料的適當位置上貼橙色「IQC 特採接受」標籤，同時在「送貨單」相關欄目簽上「特採接受」字樣

第六節　緊急訂單的人員需求

生產人員的作業能力無法滿足緊急生產的需要，企業可通過擴充或調配生產人員的方法，提高緊急生產能力，以達到完成生產任務的目的。

一、緊急生產的人員需求

生產主管應根據緊急生產任務對生產能力的要求確定人員需求缺口，編制緊急生產人員需求表，如表 7-28 所示。

表 7-28　緊急生產人員需求表

部門		日期		負責人		
崗位	職級	人員類別	主要職責	薪資級別	需求數	年齡、性別、學歷、經驗要求
合計人數		人事主管意見			總經理審批	

二、滿足緊急生產人員需求的方法

生產主管可通過調度內部人員和招聘臨時工等方法，填補緊急生產人員需求缺口。具體方法，如圖 7-8 所示。

圖 7-8　滿足緊急生產人員需求的方法

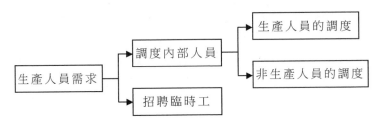

調度內部人員分為生產人員的調度和非生產人員的調度。生產人員的調度是指通過合理分配緊急生產的作業人員,確保緊急生產按計劃進度進行;非生產人員的調度是指將行政部、銷售部、設計部和客服部等非生產部門的員工,合理分配到緊急生產計劃中,增加作業人員,提高作業效率。

三、緊急生產人員的調度

靈活調度生產人員,能夠有效控制緊急生產進度,確保按期完工。

(1)緊急生產人員的調度

緊急生產人員的調度原則,如表 7-29 所示。

表 7-29　緊急生產人員的調度原則

序號	原則	說明
1	快速	對各種偏差發現快,採取措施處理快,向上級管理部門和有關單位反映情況快
2	準確	對情況的判斷準確,查找原因準確,採取對策準確

(2)緊急生產人員調度工作的要求

緊急生產管理小組應明確調度工作分工，建立一套切合實際並行之有效的調度工作制度，掌握並迅速查明偏差產生的原因，以採取有效對策。

表 7-30　緊急生產人員調度工作的要求

序號	要求	說明
1	以生產計劃進度為依據	緊急生產人員調度工作必須以生產計劃進度為依據，緊急生產人員的調度工作的靈活性必須服從計劃的要求，圍繞完成計劃任務來開展調度業務
2	高度集中和統一	各級調度部門應根據上級的指示，按照作業計劃和臨時生產任務的要求，行使調度權力，發佈調度命令
3	預防為主	調度人員要預防生產活動中可能發生的一切脫節現象，做好緊急生產前的準備工作，避免各種不協調現象產生
4	從生產實際出發	調度人員要及時瞭解和準確掌握緊急生產的情況，分析、研究出現的問題，激勵作業人員克服和防止生產脫節現象，調度緊急生產人員

(3)緊急生產人員調度工作的分工方式

表 7-31　調度人員的分工方式

序號	方式	說明
1	按工廠、部門分工	每個調度人員負責一個或幾個工廠的調度工作，全面掌握所管工廠內緊急生產產品的生產活動，協助被調度人員全面瞭解該工廠的生產情況
2	按產品、工廠相結合分工	對特殊的、難度大的緊急生產任務，設專職調度員，保證順利地完成生產任務

(4)緊急生產人員的調度工作制度

緊急生產人員調度是緊急作業期內必須堅持的一項工作，因此，應把反映調度規律、行之有效的工作方法制度化，指導調度工作有效開展。

表 7-32　緊急生產人員的調度工作制度

序號	構成	內容
1	值班制度	1. 目的為及時處理緊急生產中出現的問題，廠部、工廠應建立調度值班制度。 2. 職責 (1)值班期內，調度員要經常檢查工廠、工段作業完成情況及科室配合情況 (2)檢查調度會議決議的執行情況 (3)及時處理生產中的問題，填寫調度日誌，記錄當班發生的問題和處理情況，實行調度報告制度 3. 報告 (1)為使各級調度機構和領導及時瞭解生產情況，企業各級調度機構要把每日值班調度情況，報告給上級調度部門和有關領導 (2)企業一級生產調度機構要把每日生產情況、庫存情況、產品配套進度情況、商品出產進度情況等，報企業領導和有關科室、工廠
2	調度會議制度	1. 企業一級調度會議由緊急生產管理組長（副總經理）主持，主管調度工作的主管召集各工廠主任及有關科室科長參加 2. 工廠調度會由工廠主任主持，工廠計劃調度組長召集，工廠技術副主任、班組長參加
3	現場調度制度	緊急生產管理小組成員到發生問題的現場，會同調度人員、技術人員和工人分析緊急生產中出現的問題，並迅速解決
4	班前、班後小組會制度	1. 調度小組通過班前會佈置任務，調度生產進度 2. 通過班後會檢查生產進度計劃完成情況，總結工作

⑸緊急生產人員調度通知單

表 7-33　緊急生產人員調度通知單

姓名：				
現作業部門			職務	
新作業安排			職務	
接到本單後，請辦理交接手續，於＿＿年＿＿月＿＿日(前)到＿＿＿＿＿報到				
現崗位交接記錄：				
主管簽字　　　　　年　月　日		人事部門簽字　　　　年　月　日	領導簽字　　　　　年　月　日	

🔊 第七節　（案例）責任制保障緊急生產品質

為了確保緊急生產產品的品質符合客戶的要求，緊急生產管理小組應建立責任制度。

一、緊急生產的品質責任分佈

1. 品質管制層的責任

緊急生產的品質管制層由副總經理、生產主管和品質主管構成，他們對緊急生產的品質問題負有直接責任，如表 7-34 所示。

表 7-34　品質管制層的責任

序號	構成	職責	主要責任
1	副總經理	規劃	制訂品質管制方針，對緊急生產的品質問題負有全部和直接的責任
2	生產主管	全面統籌	根據副總經理的品質管制方針，與品質主管和其他相關部門主管一起商討緊急生產的品質管制辦法，提供建議
3	品質主管	計劃執行	根據副總經理的品質管制方針和生產主管的建議，制訂緊急生產的品質管制辦法，全面開展品質管制工作

2. 品質管制輔助層的責任

品質管制輔助層由採購主管、技術主管、行政主管、人事主管、銷售主管和物流主管構成。各主管根據其自身的工作職責，對緊急生產的品質問題承擔不同的責任，如表 7-35 所示。

表 7-35　品質管制輔助層的責任

序號	構成	主要責任
1	採購主管	負責原料的品質問題和供應速度
2	技術主管	負責產品的技術開發和機械的維修保養
3	行政主管	負責生產人員的衣食住行，確保其保持良好的工作狀態
4	人事主管	負責作業人員的技能培訓、績效考核以及臨時工的聘用和管理，確保緊急作業人員的技能能夠滿足緊急生產的要求
5	銷售主管	負責與客戶保持有效溝通，正確理解客戶的品質要求
6	物流主管	負責產品的包裝和運輸工作，確保產品在運輸過程中不受到損壞，安全抵達客戶指定地點

3.作業人員的責任

作業人員由班組長和工人構成，執行上級下達的品質管制辦法，提高緊急生產的品質管制效率。作業人員的責任如表 7-36 所示。

表 7-36　作業人員的責任

序號	構成	主要責任
1	班組長	傳達上級下達的品質管制辦法；指導和監督工人的作業情況；發現品質問題，及時上報
2	工人	保持積極的心態，按照操作規程和作業指導書進行生產

二、責任確認單

責任確認單是將某一具體職位的緊急生產的品質責任，以書面的形式記錄下來，並要求責任人簽字的協議。以採購主管為例，其品質責任確認單，如表 7-37 所示。

表 7-37　採購主管的品質責任確認單

採購主管的品質責任確認單
採購主管確保原料的品質符合生產要求，保證原料的供應速度符合緊急生產的要求。 　因未做到上述兩點而造成緊急生產的品質不符合標準，我願意承擔相應責任。 　　　　　　　　　　簽字：＿＿＿＿＿＿＿＿ 　　　　　　　　　　時間：＿＿＿＿＿＿＿＿

第 *8* 章

緊急生產訂單的運作管理

　　企業生產的運作管理能力，是形成企業核心競爭力的一個重要因素，該能力的改善直接影響著企業的績效。因此，必須高度關注緊急生產的運作管理。

🔊 第一節　緊急生產的作業指導

一、緊急生產的作業指導方法

　　緊急生產的作業指導方法包括：靈活性的指導方法和正式的指導方法。

1. 靈活性的作業指導方法

　　靈活性的作業指導方法如表 8-1 所示。

表 8-1　緊急生產的作業指導方法

序號	方法	說明
1	銷售部指導	將銷售部的員工調配到生產工廠，負責記錄作業人員的生產行為，交工廠值班人員，並由緊急生產管理小組分析，採取相應措施
2	品質部指導	將品質部員工調配到生產工廠，負責作業人員的生產品質，收集相關數據，交品質主管分析，並做出指導
3	技術部指導	將技術部員工調配到生產工廠，負責監督、收集作業人員的設備操作情況和產品技術情況，交技術部主管分析，並做出指導
4	老員工指導	由經驗豐富、技術扎實的資深員工負責一定數量的作業人員的生產情況，全面指導，以提高生產效率

2. 正式的作業指導方法

　　制訂作業指導書是生產作業指導的常用方法，它是詳細規定某項生產活動如何進行的文件。

表 8-2　作業指導書的制訂流程

步驟	內容	說明
1	畫出作業流程圖	根據作業要求和相關規定，畫出完成作業的技術流程圖
2	明確作業者的操作內容	根據作業流程，詳細列出作業操作內容和動作
3	畫出關鍵工序和關鍵動作	對作業過程中的關鍵工序和關鍵動作，做出重點標註
4	發現問題，及時處理	對作業過程中出現的異常情況，及時發現並處理
5	標出注意事項	強調整個作業過程中的需注意的事項，如安全、品質等

二、緊急生產作業指導程序

緊急生產作業指導程序以作業指導書的制訂過程為依據，讓作業人員充分參與緊急生產的作業指導書的繪製工作，通過培訓、現場監控與指導，實現標準作業。

緊急生產作業指導程序，如圖 8-1 所示。

圖 8-1 緊急生產的作業指導程序

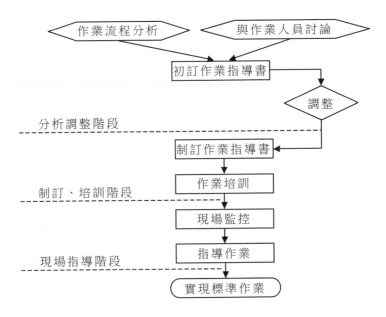

1.作業流程分析

只有正確分析緊急生產的作業流程，才能制訂出科學的作業指導書和指導程序。作業流程分析是作業指導書和作業程序制訂的基礎。

2. 與作業人員討論

作業指導書的內容需要作業人員執行。生產管理小組應讓作業人員參與作業指導書的制訂過程，尊重和採納他們的建議，以提高作業指導書的可操作性。

3. 初訂作業指導書

根據緊急生產的流程分析，以及作業人員的建議，初步制訂作業指導書。

4. 調整，制訂作業指導書

初訂作業指導書的過程中，相關人員應分析作業指導書與實際操作不相符的地方，或應簡化的地方，採納作業人員的建議，完善作業指導書。

5. 作業培訓

由生產主管、品質主管和班組長負責，根據作業指導書的內容，對作業人員進行緊急生產前的培訓。

6. 現場監控

由緊急生產管理小組或值班人員監控作業人員的實際執行情況，採集資訊。

7. 指導作業

緊急生產管理小組根據現場採集的資訊，對作業人員的作業行為進行指導，實現標準作業。

三、緊急生產作業標準管理

緊急生產作業標準管理主要包括作業流程、作業要求、作業評

價標準、改善措施和注意事項等方面的內容，如表 8-3 所示。

表 8-3　緊急生產作業標準管理

序號	依據	說明
1	作業流程	按照緊急生產的要求，用特定圖形語言和結構將生產的各個獨立步驟及其相互聯繫展示出來
2	作業要求	嚴格規定每道工序的生產品質、成本和進度，由相關人員監督作業人員的執行情況，採集數據
3	作業評價標準	制訂緊急生產的品質、成本和進度的評價標準，由生產主管或品質主管進行評價工作
4	改善措施	由緊急生產管理小組根據所採集的數據，以及評價標準，制訂改善措施，並及時執行
5	注意事項	制訂緊急生產的安全控制措施

第二節　緊急生產的交貨期管理

交貨期管理是指企業為遵守與客戶簽訂的交貨期，按計劃進行生產並統一控制的行為。

一、交貨期管理不利的後果

緊急生產對企業的貨期管理提出了更高的要求。如果企業不能按時將貨物交給客戶，就會造成以下不良影響。

一

表 8-4　貨期管理不利對企業的不良影響

序號	4 個方面	說明
1	客戶方面	給客戶的生產或行銷帶來困難 使客戶對企業失去信任感，這樣會破壞合作關係，導致客戶流失
2	資金方面	造成貨款延期，影響資金週轉
3	作業人員	為按時交貨，作業人員需加班加點，因此會影響作業人員的健康狀況
4	品質和成本	品質和成本是影響貨期的重要因素，貨期管理不好的企業，其品質管理和成本管理通常也不好

二、發現交貨期延遲的方法

根據「緊急生產的進度跟蹤管理體系」，緊急生產管理小組或調度人員需將緊急生產的實際進度與計劃進度進行比較，如果實際進度落後於計劃進度，就應及時採取挽救措施。

三、交貨期延遲的挽救方法

貨期延遲的挽救方法包括以下方法：

⑴優先生產緊急訂單。

⑵臨時招聘工人，增加作業人數。

⑶延長作業時間。

⑷同時使用多條流水線生產。

⑸委託其他工廠生產。

⑹外購零件。

⑺請求行政部、銷售部、品質部等部門的支持。

第三節　緊急生產的檢驗管理

一、制訂緊急生產的檢驗程序

針對緊急生產過程品質管制的需求,通過對生產現場質量數據進行全面採集,緊急生產的檢驗程序要實現如下目標。

⑴對緊急生產過程的資訊化管理與網路化進行監控。

⑵對工單資訊、檢驗資訊和不合格資訊進行採集、處理和分析,形成全面的產品品質檔案庫,實現品質跟蹤與追溯。

⑶對關鍵品質特性,應用統計過程控制技術進行即時監控和預警,及時發現過程異常,並加以消除,從根本上降低不合格品率。

緊急生產的檢驗程序,如圖 8-2 所示。

1. 工單管理

根據緊急生產訂單制訂相應的生產計劃,安排所需物料的配送,作為檢驗過程的開始。

2. 檢驗管理

對生產流程中涉及到的質量數據進行全面的收集和整理,包括來料檢驗、加工檢驗、裝配檢驗、成品檢驗、出廠檢驗等環節。

圖 8-2　緊急生產的檢驗程序

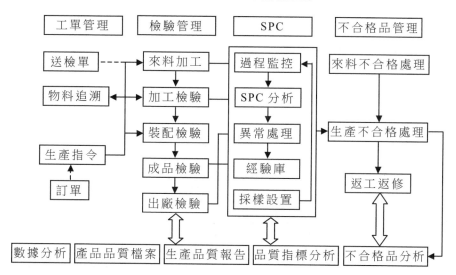

3. 統計過程控制(SPC)

對收集的數據進行即時監控。通過控制圖、直方圖、過程能力指數(CPK)等工具進行分析,形成分析診斷報告。出現異常情況時,尋找導致異常發生的原因並記錄。

4. 不合格品處理

品質檢驗過程中發現不合格產品時,應直接填寫不合格品處理單,進入不合格品的處理流程。同時,還應對不合格品處理的過程進行跟蹤,查詢不合格品的處理結果。

5. 數據分析

包括產品品質檔案、品質指標分析、不合格品分析和品質報告。產品品質檔案要記錄並回饋所有產品從來料檢驗到售後服務的品質資訊。

⑴品質指標分析包括合格率、廢品率、不合格率等。

⑵不合格品分析包括不合格次數、故障類別、處理結果、處理時間等，可以為提高產品品質提供決策依據。

二、安排合適的品質檢驗人員

參與緊急生產的所有人員都應承擔相應的品質責任，只有這樣才能有效提高緊急生產的產品品質。為此，緊急生產管理小組在安排品質檢驗人員時，應從不同層次、不同部門選擇合適的人選，共同促進緊急生產的品質管制。

表 8-5　品質檢驗人員的安排原則

不同層次	企業上層	從企業上層選擇一位管理者，負責品質方面的決策工作，包括制訂緊急生產的品質方針、目標、政策和計劃；統一組織、協調各部門、各環節、各類人員的品質管制活動
	企業中層	從企業中層選擇一位管理者，負責實施企業上層的品質決策，找出緊急生產品質控制的關鍵、薄弱環節以及必須解決的重要事項，制訂對策，監督和指導基層人員的品質控制工作
	企業基層	從企業基層選擇多位有品質管制意識和經驗的員工，負責監督和指導作業人員的工作行為，積極組織員工開展品質檢查活動，改善產品品質
不同部門	品質部	全面負責緊急生產的品質管理工作，包括制訂緊急作業指導書、操作規程、品質檢驗方法
	採購部	負責按時採購合格的物料
	物料部	負責物料的檢驗、分類工作
	生產部	負責按作業指導書、操作規程進行生產，避免由於操作失誤造成產品品質不合格
	物流部	負責物料、半成品和成品的運輸活動，避免由於物品搬運、擺放、運輸等原因造成產品不合格
	財務部	根據緊急生產的品質管制方針，為品質管制工作制訂相應的考核制度和激勵措施

三、緊急生產中品質人員的工作權責

　　為保證緊急生產的品質檢驗工作順利開展，緊急生產管理小組應賦予品質人員必要的權限和責任。

1. 品質人員的工作權限

　⑴有權貫徹緊急生產的品質方針、政策，執行檢驗標準或有關技術標準。

　⑵按照有關技術標準的規定，判定產品或零件合格與否。

　⑶在交檢的零件或產成品中，由於缺少標準或相應的技術文件時，有權拒絕接受檢查。

　⑷對各種原材料、外購件、外協件及配套產品，有權按照有關規定進行檢驗，根據檢驗結果確定合格與否。

　⑸對產品或零件的材料代用有權參與研究和審批。

　⑹對於忽視產品品質、以次充好、弄虛作假等行為，有權制止、令其限期改正，並視其情節給予責任者相應處分的建議。

　⑺對產品品質事故，有權追查產生的原因，並找出責任者，視其情節提出給予處分的建議。

　⑻對產品形成過程中產生的各種不合格品，有權如實進行統計與分析，針對存在的問題要求有關責任部門提出改進措施。

2. 品質人員的責任

　⑴對執行技術標準或規定貫徹不認真、不嚴格，造成的品質問題負責。

　⑵對產品形成過程中由於錯檢、漏檢或誤檢而造成的損失和影

響負責。

(3)對組織管理不善，造成壓檢，影響了生產進度負責。

(4)對未執行首件核對總和流動檢驗，造成成批品質事故負責。

(5)對不合格品管理不善，廢品未按要求及時隔離存放，給生產造成混亂，並影響產品品質負責。

(6)對統計上報的品質報表、品質資訊的正確性、及時性負責。

(7)對在產品形成中發現的忽視產品品質的行為或品質事故不反映、不上報，甚至參與弄虛作假，造成的影響和損失負責。

(8)對明知品質不合格，還簽發檢驗合格證書的行為負責。

🔊 第四節　（案例）生產異常處理辦法

1. 定義

本辦法所指的生產異常，是指造成製造部停工或生產進度延遲的情形。由此造成的無效工時，也可稱為異常工時。生產異常一般指下列異常：

(1)計劃異常

因生產計劃臨時變更或安排失誤等導致的異常。

(2)物料異常

因物料供應不及(斷料)、物料品質問題等導致的異常。

(3)設備異常

因設備、工裝不足或故障等原因而導致的異常。

(4)品質異常

因制程中出現了品質問題而導致的異常，也稱制程異常。

(5)產品異常

因產品設計或其他技術問題而導致的異常，也稱機種異常。

(6)水電異常

因水、氣、電等導致的異常。

2. 處理規定

(1)生產異常報告

發生生產異常，即有異常工時產生，時間在 10 分鐘以上時，應填具「生產異常報告單」。

①「生產異常報告單」內容

一般應包括以下內容：

a. 填具發生異常時正在生產的產品的生產批號或製造命令號。

b. 填具生產產品信息。填具發生異常時正在生產的產品名稱、規格、型號。

c. 異常發生部門。填具發生異常的製造部門名稱。

d. 發生日期。填具發生異常的日期。

e. 起訖時間。填具發生異常的起始時間、結束時間。

f. 異常描述。填具發生異常的詳細狀況，儘量用量化的數據或具體的事實來陳述。

g. 停工人數、影響度、異常工時。分別填具受異常影響而停工的人員數量，因異常而導致時間損失的影響度，並據此計算異常工時。

h. 臨時對策。由異常發生的部門填具應對異常的臨時應急措

施。

　i.填表部門。由異常發生的部門經辦人員及主管簽核。

　j.責任部門對策。由責任部門填具對異常的處理對策。

　②使用流程

　③異常發生時，發生部門的第一級主管應立即通知生產技術部或相關責任部門，前來研擬對策加以處理，並報告直屬上級。

　④製造部會同生產技術部、責任部門採取異常的臨時應急對策並加以執行，以降低異常的影響。

　⑤異常排除後，由製造部填具「生產異常報告單」一式四聯，並轉責任部門。

　⑥責任部門填具異常處理的對策，以防止異常重覆發生，並將「生產異常報告單」的第四聯自存，其餘三聯退還生產部。

　⑦製造部接責任部門的異常報告單後，將第三聯自存，並將第一聯轉財務部，第二聯轉主管部。

　⑧財務部保存異常報告單，作為向責任廠商索賠的依據及製造費用統計的憑證。

　⑨生產管理部保存異常報告單，作為生產進度管制控制點，並為生產計劃的調度提供參考。

　⑩生產管理部應對責任部門的根本對策的執行結果進行追蹤。

　(2)生產異常工時計算規定

　①當所發生的異常，導致生產現場部份或全部人員完全停工等待時，異常工時的影響度按 100%計算(或可依據不同的狀況規定影響度)。

　②當所發生的異常，導致生產現場需增加人力投入排除異常現

象（採取臨時對策）時，異常工時的影響度以實際增加投入的工時為準。

③當所發生的異常，導致生產現場作業速度放慢（可能同時也增加人力投入）時，異常工時的影響度按實際影響比例計算。

④異常損失工時不足 10 分鐘時，只作口頭報告或填入「生產日報表」，不另行填具「生產異常報告單」。

⑶各部門責任判定標準及處罰規定

①各部門責任判定標準

a.開發部責任

· 未及時確認零件樣品

· 設計錯誤或疏忽

· 設計延遲

· 設計臨時變更

· 設計資料未及時完成

· 其他因設計開發原因導致的異常

b.生產管理部責任

· 生產計劃日程安排錯誤

· 臨時變換生產安排

· 物料進貨計劃錯誤造成物料斷料而停工

· 生產計劃變更未及時通知相關部門

· 未發製造命令

· 其他因生產安排、物料計劃而導致的異常

c.採購部責任

· 採購下單太遲，導致斷料

- 進料不全導致缺料
- 進料品質不合格
- 廠商未進貨或進錯物料
- 未下單採購
- 其他因採購業務疏忽所致的異常

d. 資材部責任

- 料賬錯誤
- 備料不全
- 物料查找時間太長
- 未及時點收廠商進料
- 物料發放錯誤
- 其他因倉儲工作疏忽所致的異常

e. 製造部責任

- 工作安排不當，造成零件損壞
- 操作設備儀器不當，造成故障

f. 供應商責任

供應商所致的責任除考核採購部、品管部等內部責任部門外，對廠商也應酌情予以索賠。

- 交貨延遲
- 進貨品質嚴重不良
- 數量不符
- 送錯物料
- 其他因供應商原因所致的異常

g. 其他責任

‧特殊個案依具體情況劃分責任

‧由兩個以上部門責任所致的異常，依責任主次劃分責任

②責任處理規定

　a.公司內部責任部門因作業疏忽而導致的異常，列入該部門工作考核，責任人員依公司獎懲規定予以處理。

　b.供應廠商的責任除考核採購部或相關責任部門外，列入供應廠商評鑑，必要時應依照損失工時向廠商索賠。

　c.損失索賠金額的計算：

損失金額＝公司上年度平均制費率×損失工時

③生產管理部、製造部均應對異常工時作統計分析，於每月經營會議時提出分析說明，以檢討改進。

3.相關文件

生產異常報告單

心得欄

第 *9* 章

生產訂單的管理辦法

　　生產訂單的各種管理辦法，包括生產作業管理辦法；生產計劃控制程序；產銷協調實施辦法；產能與負荷分析實施辦法；生產進度控制辦法等具體措施。

🔊 第一節　生產作業管理辦法

1. 生產管理作業規定

(1)製造命令作業

　　生產管理部依據生產計劃，按客戶別、訂單別發出製造命令，各相關部門針對製造命令所交付的工作，實施作業並填寫相應報表。

(2)物料供應作業

①物料請購作業

　　a.生產管理部物料科根據年度、季生產計劃，編制長期物料需求計劃，確定採購前置期較長的物料的請購計劃。

b.生產管理部物料科根據月、週生產計劃,編制月份、週次物料需求計劃,確定各物料的請購計劃。

c.物料請購計劃經生產副總核准後,轉採購部進行採購作業。

②物料採購作業

a.採購部依據物料請購計劃,編制物料採購計劃。

b.採購部依據週、月生產計劃,通知供應商物料進貨日期、數量。

③物料進料驗收作業

a.供應商物料進貨後,由資材部負責點收。

b.資材部點收後通知品管部作進料檢驗。

c.品管部依抽樣計劃,予以檢驗判定,並填寫檢驗記錄。

d.品管部判定不合格(拒收)的物料,須填具相應的不合格報告,傳至生產管理部、採購部、資材部。

e.因實際需要,經採購部或廠商書面申請,依公司品質管理有關規定,對判定不合格(拒收)的物料可酌情予以讓步接收(特採)。

f.品管部判定合格或讓步接受(特採)的物料,由資材部予以接收入庫。

g.不合格(拒收)物料由採購通知供應商作退貨處理。

④物料領發作業

a.製造部依據製造命令開具「領料單」向資材部領用物料。

b.資材部依據「領料單」發放物料。

c.物料發放情況由資材部登記、統計。

d.製造部如需超領物料,須經權責人員核准,並憑「超領單」領用。

⑶生產制程作業

①生產進度作業

a.製造部各科、班依生產計劃安排逐日完成生產任務。

b.製造部每日填寫當日「生產日報表」。

c.製造部應負責排除進度落後的困難,達成進度。

d.遭遇各種異常狀況造成進度落後,應通知相關部門協力研擬對策或由生產管理部作計劃變更、調整。

②生產技術控制作業

a.生產技術部制定產品製作技術流程,供製造部使用。

b.生產技術部制定作業指導書,供製造部使用。

c.關鍵工序、關鍵技術的作業條件由生產技術部與製造部研擬制定,並建立標準執行。

③制程品質管理作業

a.各作業人員應隨時依標準做自我檢查工作。

b.制程中視需要設立全檢站,實行全檢工作,或由下道工序對上道工序做互檢工作。

c.製造部對全檢、自檢、互檢中的問題點,及時檢討改進。

d.品管部設定制程檢驗人員,定期對制程作業標準遵循狀況、設備可靠性和產品符合性進行巡檢、統計。

e.品管部針對制程巡檢的資料、問題進行分析並擬訂對策。

f.重大工程問題由生產技術部負責整改工作,品管部、製造部配合並追蹤。

⑷半成品、成品入庫作業

①完工檢驗作業

製造部各科生產的半成品或成品在入庫之前的品質檢驗統稱為完工檢驗。

a.製造部在半成品或成品加工後，以「批送檢」的方式送交品管部抽檢。

b.品管部依抽樣計劃，予以檢驗判定，並填寫檢驗記錄。

c.品管部判定不合格(拒收)的半成品或成品，須填具不合格報告傳至製造部。

d.製造部對不合格的半成品或成品，經返工或返修後，重新交品管部檢驗。

②入庫作業

a.品管部判定合格的半成品或成品，貼上合格標示，由製造部辦理入庫手續。

b.資材部依據製造部的「入庫單」點收，檢查入庫物料。

c.入庫物料由資材部負責登記、統計並管理。

d.品管部判定拒收的物料，經製造部或生產管理部申請，依公司品質管理有關規定，可酌情予以讓步接收(特採)。

e.讓步接受的物料經明顯標示後，視同合格品辦理入庫作業。

⑸成品入庫作業

①出貨前品質檢驗作業

a.成品倉庫依據業務部的出貨通知，準備相關的成品，交由品管部或客戶驗貨員做出貨檢驗。

b.品管部或客戶驗貨員依檢驗規範、抽樣計劃進行驗貨，並填寫記錄。

c.品管或客戶判定不合格(拒收)的成品，由權責部門負責返工

返修。

②出貨手續

a.品管部或客戶判定合格的成品,成品倉庫依出貨計劃發貨。

b.成品倉庫負責出貨數量的清點、檢查。

c.成品倉庫負責出貨憑證的收集、統計及倉庫賬目的記錄、匯總。

⑹設備管理作業

①設備日常保養工作

a.設備使用部門負責設備日常點檢、擦拭保養等工作。

b.生產技術部負責定期點檢、保養工作,設備使用部人員予以配合。

c.日常保養、點檢記錄由使用部填寫及保存。

d.定期檢查、保養記錄由生產技術部填寫及保存。

②設備維修改造工作

a.設備出現故障需排除時,由使用者通知生產技術部進行維修。

b.生產技術部負責設備故障的修復工作,使用部門應予以配合。

c.生產技術部定期檢查時,確認並作維修或改造的設備,由生產技術部負責維修或改造,使用部門予以配合。

d.使用單位因作業需要對設備進行改造時,應提出申請,生產技術部負責改造作業,使用部門予以配合。

e.設備維修、改造由生產技術部記錄並存檔。

2. 相關文件

⑴生產日報表

⑵入庫單

 # 第二節　生產計劃控制程序

1. 範圍

適用於本公司所有生產產品的生產計劃控制。

2. 定義

⑴生產計劃表、製造通知單：指由 PC 部門簽發作為通知生產的依據。

⑵制程標示單：指由生產計劃部門簽發，規範批量和記錄製作流程的單據。

3. 職責

⑴銷售部

①銷售主管：接受客戶訂單、組織評審及審核、協調重要訂單等事宜。

②銷售業務員：接受客戶訂單、對訂單進行評審、協調訂單變更等事宜。

⑵ PMC 部

①生產計劃主管：負責生產計劃安排、生產進度控制及督導生產計劃管理作業的執行。

②生產計劃員：負責生產指示與生產計劃管理及生產進度控制

的執行，且負責出貨作業的執行。

　⑶採購部：負責生產物料的採購及交貨期進度的控制。

　⑷貨倉部：負責物料收發等作業。

　⑸ PIE 部：負責物料料號的編訂和生產流程條件的確定。

　⑹製造部：負責領用材料、生產進度控制及品質控制。

4.作業流程

　⑴接收訂單

　銷售部業務人員按「訂單評審程序」規定暫時接受客戶訂單，填寫「顧客訂貨單」，經主管審核後交給 PMC 部人員。

　⑵生產負荷評估

　① PMC 部人員根據「顧客訂貨單」做生產計劃賬目。生產計劃主管根據「生產能力負荷表」上所顯示的生產能力，組織進行生產能力負荷評估。

　②如評估確認生產能力無問題者，生產計劃員、物控員與貨倉人員確認物料是否可以滿足生產，如不能滿足者，填寫「物料請購計劃表」通知採購人員。

　③採購人員根據「物料請購計劃表」詢問有關廠商是否能滿足交貨期，得到較為肯定的答覆後，將結果回饋給物控人員，由物控人員開出請購單，採購人員根據「採購控制程序」進行採購作業。

　④如評估的結果影響訂單交貨期時，生產計劃人員應通知銷售部人員與客戶協商，徵得客戶同意後，才可正式接受訂單。

　⑶安排生產計劃

　①生產計劃人員根據「顧客訂貨清單」的接單狀況，依產能負荷預排 4 週內的「月生產計劃表」，以作為生產安排的初步依據。

②生產計劃人員每週應更新「月生產計劃表」的資料，作為生產進度控制的依據。

③生產計劃人員依「月生產計劃表」排出具體的「週生產計劃表」，作為生產執行的依據。

⑷生產指示

①生產計劃人員將「週生產計劃表」與「製造通知單」（五聯），經生產計劃主管核准後，一聯交製造部準備領料，一聯交貨倉部進行備料，一聯交物料控員做賬，一聯交財務部，一聯自留存檔。

②生產計劃人員同時填寫「制程標示單」，交 PIE 部確認制程條件後分發至製造部安排生產。

⑸領發料

製造部物料人員接到「製造通知單」後，在規定的時間，與貨倉人員溝通協調後，由貨倉人員送往製造工廠指定地點，一齊清點物料。

⑹生產

製造部按「週生產計劃表」及「制程標示單」的交貨期需求進行生產，並進行進度控制，有關作業參照「制程控制程序」。

⑺品質、交貨期、數量確認

①生產計劃人員應按照「週生產計劃表」的數量及交貨期跟催生產進度。

②如生產過程中發現進度落後或有品質異常情況，將影響訂單交貨期或數量時，PMC 部主管應協調各有關部門主管進行協商處理，當交貨期最終不能符合訂單要求時，應出具聯絡單給銷售部，說明原因，銷售人員按「訂單評審程序」中的有關規定與客戶重新

協商變更交貨期。

(8)入庫和出貨

①完成生產後，由品管部人員驗收，包裝入庫。

②在無異常的情況下，報關人員和船務人員根據計劃自行辦理報關手續和船運聯絡事宜。

③如須出貨者，由生產計劃員開出「出貨通知單」及「出貨排櫃表」，通知貨倉和品管部有關人員辦理出貨手續，有關作業參照「成品包裝出貨控制程序」。

5. 相關文件

(1)生產能力負荷表

(2)顧客訂貨清單

(3)物料請購計劃表

(4)月生產計劃表

(5)週生產計劃表

(6)製造通知單

(7)制程標示單

(8)出貨通知單

(9)出貨排櫃表

第三節 產銷協調實施辦法

1. 適用範圍

業務部確定每月銷售計劃、生產管理部編排每月生產計劃前需要進行產銷協調，悉依照本辦法的規定執行。

2. 實施規定

(1) 月份銷售計劃

① 月份銷售計劃制定的依據

a. 年度銷售目標、計劃。

b. 季銷售計劃。

c. 客戶訂單狀況。

② 客戶訂單承接

a. 業務部在確定承接客戶訂單時，應填具「訂貨通知單」一式三份，一份自存，一份交生產管理部作生產計劃、製造命令的依據，一份交財務部作營業收入預測之用。

b. 訂貨通知單一般應包含以下內容：

· 客戶名稱

· 產品型號

· 規格

· 名稱

· 訂單數量

· 交貨期

· 技術要求

c.如客戶有較特殊的加工需求，或非正常規格要求時，業務部應在訂貨通知單上予以註明，必要時可另附相關資料闡釋。

d.業務部每月(週)的接訂單量，應考量生產產能狀況。

③客戶訂單變更流程

a.在訂貨通知單發出後，如客戶臨時有數量、交貨期或技術要求等變更要求時，業務部應另行填具「訂貨變更通知單」，並依上款要求分發至各部門。

b.變更後的訂貨通知單應加蓋「已修訂」字樣，並標記取消原訂貨通知單的號碼，同時應在分發新單的同時回收舊單，以免發生混淆。

c.在訂貨通知單已發出後，如客戶取消訂單，則業務部應發出「訂貨變更通知單」，通知各部門訂單取消的信息，並回收原發出的訂貨通知單。

d.如是客戶修改訂貨的產品型號、規格，則視同原訂單變更，依上款處理，並將客戶訂單依新訂單而發出訂貨變更通知單。

④月份銷售計劃編制

a.每月 20 日前，由業務部匯總次月客戶訂單及前期落後的訂單，依客戶交貨期要求編排出貨計劃，填寫「月份銷售計劃」。

b.銷售計劃一式三份，一份由業務部自存，另兩份生產管理部、財務部各一份(已確定的銷售計劃，可規定另需呈報主管的份數，如總經理、副總經理、生產副總等)。

c.如銷售計劃分發後，遇客戶訂單變更、取消、增加或其他變化，銷售計劃有必要修改時，由業務部發出變更計劃通知，並分發新的銷售計劃。

⑵產銷協調作業

①產能與負荷分析

a.生產管理部依月份銷售計劃與訂貨通知單等資料，作次月負荷分析。

b.生產管理部依各部門設備、人力等狀況，作次月產能分析。

②月份生產計劃編排

每月 20 日前生產管理部依下列資料編排次月生產計劃。

a.年度生產目標

b.月份銷售計劃

c.訂貨通知單

d.產能與負荷分析

e.人力、設備狀況

f.物料狀況

③產銷協調實施規定

a.每月 22 日由生產管理部組織召開產銷協調會，就生產計劃與銷售計劃進行協商，達成共識，以利於雙方修訂合理的生產計劃與銷售計劃。

b.參加產銷協調會的人員包括生產管理、物控、採購、製造、品管、業務等相關部門的負責人員。

c.生產管理部作產能與負荷分析報告，並就生產計劃的編排提出說明。

d.若產能與負荷相當，生產計劃應儘量滿足銷售計劃的要求，按銷售計劃來修訂生產計劃。

e.若產能不足，負荷過重，銷售計劃應儘量滿足生產計劃的需

求，按生產計劃來修訂銷售計劃。

f. 若產能過剩，負荷不足，業務部應儘量增加銷售計劃量，將後續訂單提前，或考慮預估生產。

g. 經協調完成後的生產計劃，生產部應確保完成進度。

3. 相關文件

(1)訂貨通知單

(2)訂貨變更通知單

心得欄

臺灣的核心競爭力，就在這裏！

圖 書 出 版 目 錄

下列圖書是由臺灣的憲業企管顧問（集團）公司所出版，秉持專業立場，特別注重實務應用，50餘位顧問師為企業界提供最專業的各種經營管理類圖書。

1. 傳播書香社會，直接向本出版社購買，一律9折優惠，郵遞費用由本公司負擔。服務電話(02)27622241　(03)9310960　　傳真(03)9310961
2. 付款方式：請將書款轉帳到我公司下列的銀行帳戶。
   - 銀行名稱：合作金庫銀行（敦南分行）　帳號：5034-717-347447
   - 公司名稱：憲業企管顧問有限公司
   - 郵局劃撥號碼：18410591　郵局劃撥戶名：憲業企管顧問公司
3. 圖書出版資料隨時更新，請見網站 www.bookstore99.com

經營顧問叢書

25	王永慶的經營管理	360元
47	營業部門推銷技巧	390元
52	堅持一定成功	360元
56	對準目標	360元
60	寶潔品牌操作手冊	360元
72	傳銷致富	360元
78	財務經理手冊	360元
79	財務診斷技巧	360元
86	企劃管理制度化	360元
91	汽車販賣技巧大公開	360元
97	企業收款管理	360元
100	幹部決定執行力	360元
106	提升領導力培訓遊戲	360元
122	熱愛工作	360元
125	部門經營計劃工作	360元
129	邁克爾·波特的戰略智慧	360元

130	如何制定企業經營戰略	360元
135	成敗關鍵的談判技巧	360元
137	生產部門、行銷部門績效考核手冊	360元
139	行銷機能診斷	360元
140	企業如何節流	360元
141	責任	360元
142	企業接棒人	360元
144	企業的外包操作管理	360元
146	主管階層績效考核手冊	360元
147	六步打造績效考核體系	360元
148	六步打造培訓體系	360元
149	展覽會行銷技巧	360元
150	企業流程管理技巧	360元
152	向西點軍校學管理	360元
154	領導你的成功團隊	360元

155	頂尖傳銷術	360 元
160	各部門編制預算工作	360 元
163	只為成功找方法，不為失敗找藉口	360 元
167	網路商店管理手冊	360 元
168	生氣不如爭氣	360 元
170	模仿就能成功	350 元
176	每天進步一點點	350 元
181	速度是贏利關鍵	360 元
183	如何識別人才	360 元
184	找方法解決問題	360 元
185	不景氣時期，如何降低成本	360 元
186	營業管理疑難雜症與對策	360 元
187	廠商掌握零售賣場的竅門	360 元
188	推銷之神傳世技巧	360 元
189	企業經營案例解析	360 元
191	豐田汽車管理模式	360 元
192	企業執行力（技巧篇）	360 元
193	領導魅力	360 元
198	銷售說服技巧	360 元
199	促銷工具疑難雜症與對策	360 元
200	如何推動目標管理（第三版）	390 元
201	網路行銷技巧	360 元
204	客戶服務部工作流程	360 元
206	如何鞏固客戶（增訂二版）	360 元
208	經濟大崩潰	360 元
215	行銷計畫書的撰寫與執行	360 元
216	內部控制實務與案例	360 元
217	透視財務分析內幕	360 元
219	總經理如何管理公司	360 元
222	確保新產品銷售成功	360 元
223	品牌成功關鍵步驟	360 元
224	客戶服務部門績效量化指標	360 元
226	商業網站成功密碼	360 元
228	經營分析	360 元
229	產品經理手冊	360 元
230	診斷改善你的企業	360 元
232	電子郵件成功技巧	360 元
234	銷售通路管理實務〈增訂二版〉	360 元

235	求職面試一定成功	360 元
236	客戶管理操作實務〈增訂二版〉	360 元
237	總經理如何領導成功團隊	360 元
238	總經理如何熟悉財務控制	360 元
239	總經理如何靈活調動資金	360 元
240	有趣的生活經濟學	360 元
241	業務員經營轄區市場（增訂二版）	360 元
242	搜索引擎行銷	360 元
243	如何推動利潤中心制度（增訂二版）	360 元
244	經營智慧	360 元
245	企業危機應對實戰技巧	360 元
246	行銷總監工作指引	360 元
247	行銷總監實戰案例	360 元
248	企業戰略執行手冊	360 元
249	大客戶搖錢樹	360 元
250	企業經營計劃〈增訂二版〉	360 元
252	營業管理實務（增訂二版）	360 元
253	銷售部門績效考核量化指標	360 元
254	員工招聘操作手冊	360 元
256	有效溝通技巧	360 元
257	會議手冊	360 元
258	如何處理員工離職問題	360 元
259	提高工作效率	360 元
261	員工招聘性向測試方法	360 元
262	解決問題	360 元
263	微利時代制勝法寶	360 元
264	如何拿到 VC（風險投資）的錢	360 元
267	促銷管理實務〈增訂五版〉	360 元
268	顧客情報管理技巧	360 元
269	如何改善企業組織績效〈增訂二版〉	360 元
270	低調才是大智慧	360 元
272	主管必備的授權技巧	360 元
275	主管如何激勵部屬	360 元
276	輕鬆擁有幽默口才	360 元
277	各部門年度計劃工作（增訂二版）	360 元

278	面試主考官工作實務	360元
279	總經理重點工作（增訂二版）	360元
282	如何提高市場佔有率（增訂二版）	360元
283	財務部流程規範化管理（增訂二版）	360元
284	時間管理手冊	360元
285	人事經理操作手冊（增訂二版）	360元
286	贏得競爭優勢的模仿戰略	360元
287	電話推銷培訓教材（增訂三版）	360元
288	贏在細節管理（增訂二版）	360元
289	企業識別系統 CIS（增訂二版）	360元
290	部門主管手冊（增訂五版）	360元
291	財務查帳技巧（增訂二版）	360元
292	商業簡報技巧	360元
293	業務員疑難雜症與對策（增訂二版）	360元
294	內部控制規範手冊	360元
295	哈佛領導力課程	360元
296	如何診斷企業財務狀況	360元
297	營業部轄區管理規範工具書	360元
298	售後服務手冊	360元
299	業績倍增的銷售技巧	400元
300	行政部流程規範化管理（增訂二版）	400元
301	如何撰寫商業計畫書	400元
302	行銷部流程規範化管理（增訂二版）	400元
303	人力資源部流程規範化管理（增訂四版）	420元
304	生產部流程規範化管理（增訂二版）	400元
305	績效考核手冊(增訂二版)	400元
306	經銷商管理手冊(增訂四版)	420元
307	招聘作業規範手冊	420元
308	喬·吉拉德銷售智慧	400元
309	商品鋪貨規範工具書	400元

310	企業併購案例精華（增訂二版）	420元
311	客戶抱怨手冊	400元
312	如何撰寫職位說明書（增訂二版）	400元
313	總務部門重點工作（增訂三版）	400元
314	客戶拒絕就是銷售成功的開始	400元
315	如何選人、育人、用人、留人、辭人	400元
316	危機管理案例精華	400元
317	節約的都是利潤	400元
318	企業盈利模式	400元

《商店叢書》

18	店員推銷技巧	360元
30	特許連鎖業經營技巧	360元
35	商店標準操作流程	360元
36	商店導購口才專業培訓	360元
37	速食店操作手冊〈增訂二版〉	360元
38	網路商店創業手冊〈增訂二版〉	360元
40	商店診斷實務	360元
41	店鋪商品管理手冊	360元
42	店員操作手冊（增訂三版）	360元
43	如何撰寫連鎖業營運手冊〈增訂二版〉	360元
44	店長如何提升業績〈增訂二版〉	360元
45	向肯德基學習連鎖經營〈增訂二版〉	360元
47	賣場如何經營會員制俱樂部	360元
48	賣場銷量神奇交叉分析	360元
49	商場促銷法寶	360元
51	開店創業手冊〈增訂三版〉	360元
52	店長操作手冊（增訂五版）	360元
53	餐飲業工作規範	360元
54	有效的店員銷售技巧	360元
55	如何開創連鎖體系〈增訂三版〉	360元
56	開一家穩賺不賠的網路商店	360元

57	連鎖業開店複製流程	360 元
58	商鋪業績提升技巧	360 元
59	店員工作規範（增訂二版）	400 元
60	連鎖業加盟合約	400 元
61	架設強大的連鎖總部	400 元
62	餐飲業經營技巧	400 元
63	連鎖店操作手冊（增訂五版）	420 元
64	賣場管理督導手冊	420 元
65	連鎖店督導師手冊（增訂二版）	420 元

《工廠叢書》

13	品管員操作手冊	380 元
15	工廠設備維護手冊	380 元
16	品管圈活動指南	380 元
17	品管圈推動實務	380 元
20	如何推動提案制度	380 元
24	六西格瑪管理手冊	380 元
30	生產績效診斷與評估	380 元
32	如何藉助 IE 提升業績	380 元
35	目視管理案例大全	380 元
38	目視管理操作技巧(增訂二版)	380 元
46	降低生產成本	380 元
47	物流配送績效管理	380 元
49	6S 管理必備手冊	380 元
51	透視流程改善技巧	380 元
55	企業標準化的創建與推動	380 元
56	精細化生產管理	380 元
57	品質管制手法〈增訂二版〉	380 元
58	如何改善生產績效〈增訂二版〉	380 元
67	生產訂單管理步驟〈增訂二版〉	380 元
68	打造一流的生產作業廠區	380 元
70	如何控制不良品〈增訂二版〉	380 元
71	全面消除生產浪費	380 元
72	現場工程改善應用手冊	380 元
75	生產計劃的規劃與執行	380 元
77	確保新產品開發成功（增訂四版）	380 元
78	商品管理流程控制(增訂三版)	380 元
79	6S 管理運作技巧	380 元

80	工廠管理標準作業流程〈增訂二版〉	380 元
81	部門績效考核的量化管理（增訂五版）	380 元
82	採購管理實務〈增訂五版〉	380 元
83	品管部經理操作規範〈增訂二版〉	380 元
84	供應商管理手冊	380 元
85	採購管理工作細則〈增訂二版〉	380 元
86	如何管理倉庫（增訂七版）	380 元
87	物料管理控制實務〈增訂二版〉	380 元
88	豐田現場管理技巧	380 元
89	生產現場管理實戰案例〈增訂三版〉	380 元
90	如何推動 5S 管理（增訂五版）	420 元
92	生產主管操作手冊(增訂五版)	420 元
93	機器設備維護管理工具書	420 元
94	如何解決工廠問題	420 元
95	採購談判與議價技巧〈增訂二版〉	420 元
96	生產訂單運作方式與變更管理	420 元

《醫學保健叢書》

1	9 週加強免疫能力	320 元
3	如何克服失眠	320 元
4	美麗肌膚有妙方	320 元
5	減肥瘦身一定成功	360 元
6	輕鬆懷孕手冊	360 元
7	育兒保健手冊	360 元
8	輕鬆坐月子	360 元
11	排毒養生方法	360 元
13	排除體內毒素	360 元
14	排除便秘困擾	360 元
15	維生素保健全書	360 元
16	腎臟病患者的治療與保健	360 元
17	肝病患者的治療與保健	360 元
18	糖尿病患者的治療與保健	360 元
19	高血壓患者的治療與保健	360 元
22	給老爸老媽的保健全書	360 元

23	如何降低高血壓	360 元
24	如何治療糖尿病	360 元
25	如何降低膽固醇	360 元
26	人體器官使用說明書	360 元
27	這樣喝水最健康	360 元
28	輕鬆排毒方法	360 元
29	中醫養生手冊	360 元
30	孕婦手冊	360 元
31	育兒手冊	360 元
32	幾千年的中醫養生方法	360 元
34	糖尿病治療全書	360 元
35	活到120歲的飲食方法	360 元
36	7天克服便秘	360 元
37	為長壽做準備	360 元
39	拒絕三高有方法	360 元
40	一定要懷孕	360 元
41	提高免疫力可抵抗癌症	360 元
42	生男生女有技巧〈增訂三版〉	360 元

《培訓叢書》

11	培訓師的現場培訓技巧	360 元
12	培訓師的演講技巧	360 元
14	解決問題能力的培訓技巧	360 元
15	戶外培訓活動實施技巧	360 元
17	針對部門主管的培訓遊戲	360 元
20	銷售部門培訓遊戲	360 元
21	培訓部門經理操作手冊（增訂三版）	360 元
22	企業培訓活動的破冰遊戲	360 元
23	培訓部門流程規範化管理	360 元
24	領導技巧培訓遊戲	360 元
25	企業培訓遊戲大全(增訂三版)	360 元
26	提升服務品質培訓遊戲	360 元
27	執行能力培訓遊戲	360 元
28	企業如何培訓內部講師	360 元
29	培訓師手冊（增訂五版）	420 元
30	團隊合作培訓遊戲(增訂三版)	420 元
31	激勵員工培訓遊戲	420 元

《傳銷叢書》

4	傳銷致富	360 元
5	傳銷培訓課程	360 元
10	頂尖傳銷術	360 元
12	現在輪到你成功	350 元
13	鑽石傳銷商培訓手冊	350 元
14	傳銷皇帝的激勵技巧	360 元
15	傳銷皇帝的溝通技巧	360 元
19	傳銷分享會運作範例	360 元
20	傳銷成功技巧（增訂五版）	400 元
21	傳銷領袖（增訂二版）	400 元
22	傳銷話術	400 元

《幼兒培育叢書》

1	如何培育傑出子女	360 元
2	培育財富子女	360 元
3	如何激發孩子的學習潛能	360 元
4	鼓勵孩子	360 元
5	別溺愛孩子	360 元
6	孩子考第一名	360 元
7	父母要如何與孩子溝通	360 元
8	父母要如何培養孩子的好習慣	360 元
9	父母要如何激發孩子學習潛能	360 元
10	如何讓孩子變得堅強自信	360 元

《成功叢書》

1	猶太富翁經商智慧	360 元
2	致富鑽石法則	360 元
3	發現財富密碼	360 元

《企業傳記叢書》

1	零售巨人沃爾瑪	360 元
2	大型企業失敗啟示錄	360 元
3	企業併購始祖洛克菲勒	360 元
4	透視戴爾經營技巧	360 元
5	亞馬遜網路書店傳奇	360 元
6	動物智慧的企業競爭啟示	320 元
7	CEO拯救企業	360 元
8	世界首富　宜家王國	360 元
9	航空巨人波音傳奇	360 元
10	傳媒併購大亨	360 元

《智慧叢書》

1	禪的智慧	360 元
2	生活禪	360 元
3	易經的智慧	360 元
4	禪的管理大智慧	360 元

5	改變命運的人生智慧	360 元
6	如何吸取中庸智慧	360 元
7	如何吸取老子智慧	360 元
8	如何吸取易經智慧	360 元
9	經濟大崩潰	360 元
10	有趣的生活經濟學	360 元
11	低調才是大智慧	360 元

《DIY 叢書》

1	居家節約竅門 DIY	360 元
2	愛護汽車 DIY	360 元
3	現代居家風水 DIY	360 元
4	居家收納整理 DIY	360 元
5	廚房竅門 DIY	360 元
6	家庭裝修 DIY	360 元
7	省油大作戰	360 元

《財務管理叢書》

1	如何編制部門年度預算	360 元
2	財務查帳技巧	360 元
3	財務經理手冊	360 元
4	財務診斷技巧	360 元
5	內部控制實務	360 元
6	財務管理制度化	360 元
8	財務部流程規範化管理	360 元
9	如何推動利潤中心制度	360 元

為方便讀者選購，本公司將一部分上述圖書又加以專門分類如下：

《主管叢書》

1	部門主管手冊（增訂五版）	360 元
2	總經理行動手冊	360 元
4	生產主管操作手冊（增訂五版）	420 元
5	店長操作手冊（增訂五版）	360 元
6	財務經理手冊	360 元
7	人事經理操作手冊	360 元
8	行銷總監工作指引	360 元
9	行銷總監實戰案例	360 元

《總經理叢書》

1	總經理如何經營公司(增訂二版)	360 元
2	總經理如何管理公司	360 元
3	總經理如何領導成功團隊	360 元

4	總經理如何熟悉財務控制	360 元
5	總經理如何靈活調動資金	360 元

《人事管理叢書》

1	人事經理操作手冊	360 元
2	員工招聘操作手冊	360 元
3	員工招聘性向測試方法	360 元
5	總務部門重點工作	360 元
6	如何識別人才	360 元
7	如何處理員工離職問題	360 元
8	人力資源部流程規範化管理（增訂四版）	420 元
9	面試主考官工作實務	360 元
10	主管如何激勵部屬	360 元
11	主管必備的授權技巧	360 元
12	部門主管手冊（增訂五版）	360 元

《理財叢書》

1	巴菲特股票投資忠告	360 元
2	受益一生的投資理財	360 元
3	終身理財計劃	360 元
4	如何投資黃金	360 元
5	巴菲特投資必贏技巧	360 元
6	投資基金賺錢方法	360 元
7	索羅斯的基金投資必贏忠告	360 元
8	巴菲特為何投資比亞迪	360 元

《網路行銷叢書》

1	網路商店創業手冊〈增訂二版〉	360 元
2	網路商店管理手冊	360 元
3	網路行銷技巧	360 元
4	商業網站成功密碼	360 元
5	電子郵件成功技巧	360 元
6	搜索引擎行銷	360 元

《企業計劃叢書》

1	企業經營計劃〈增訂二版〉	360 元
2	各部門年度計劃工作	360 元
3	各部門編制預算工作	360 元
4	經營分析	360 元
5	企業戰略執行手冊	360 元

在海外出差的………
台灣上班族

愈來愈多的台灣上班族，到海外工作（或海外出差），對工作的努力與敬業，是台灣上班族的核心競爭力；一個明顯的例子，返台休假期間，台灣上班族都會抽空再買書，設法充實自身專業能力。

[憲業企管顧問公司]以專業立場，為企業界提供最專業的各種經營管理類圖書。

85%的台灣上班族都曾經有過購買（或閱讀）[憲業企管顧問公司]所出版的各種企管圖書。

建議你：工作之餘要多看書，加強競爭力。

建立企業圖書館

當 市 場 競 爭 激 烈 時：

培訓員工，強化員工競爭力 是企業最佳對策

「人才」是企業最大的財富。如何提升人才，是企業永續經營、戰勝對手的核心競爭力。積極培訓公司內部員工，是經濟不景氣時期的最佳戰略，而最快速的具體作法，就是「建立企業內部圖書館，鼓勵員工多閱讀、多進修專業書籍」

建 議 您： 請 一 次 購 足 本 公 司 所 出 版 各 種 經 營 管 理 類 圖 書， 作 為 貴 公 司 內 部 員 工 培 訓 圖 書。 使用率高的（例如「贏在細節管理」），準備 3 本；使用率低的（例如「工廠設備維護手冊」），只買 1 本。

工廠叢書 ⑯   售價：420 元

生產訂單運作方式與變更管理

西元二〇一五年十一月   初版一刷

編輯指導：黃憲仁

編著：任賢旺　歐陽海華

策劃：麥可國際出版有限公司（新加坡）

編輯：蕭玲

校對：劉飛娟

發行人：黃憲仁

發行所：憲業企管顧問有限公司

電話：（02）2762-2241　（03）9310960　0930872873

電子郵件聯絡信箱：huang2838@yahoo.com.tw

銀行 ATM 轉帳：合作金庫銀行　帳號：5034-717-347447

郵政劃撥：18410591　憲業企管顧問有限公司

江祖平律師顧問：紙品書、數位書著作權與版權均歸本公司所有

登記證：行政業新聞局版台業字第 6380 號

本公司徵求海外版權出版代理商（0930872873）

本圖書是由憲業企管顧問（集團）公司所出版，以專業立場，為企業界提供最專業的各種經營管理類圖書。

圖書編號 ISBN：978-986-369-031-3